普通高等学校“十四五”规划自动化专业特色教材

ZIDONG KONGZHI YUANLI SHIYAN JIAOCHENG

自动控制原理实验教程

■ 主　编 / 王家林

■ 副主编 / 冯国利　闫晓玲　林启蕙　王黎明

参　编 / 尹　洋　鄢圣茂　张朝亮　王　征

華中科技大學出版社

http://press.hust.edu.cn

中国 · 武汉

内容简介

本书密切配合自动控制原理课程的理论教学，结合现代先进的实验教学方法，开展了8个控制理论实验。

为方便读者，增加了数学基础、自动控制的基础理论内容，简要介绍了 MATLAB 的软件界面、MATLAB 程序基础和 Simulink 操作，给出了控制系统仿真相关命令/函数与实例，可以帮助读者加强对实验过程的理解，提高分析、解决问题的能力。

本书可作为高等学校自动化、电气类、机电类各专业自动控制原理实验的指导书，也可作为其他相关理工科学生和工程技术人员的实践参考书。

图书在版编目(CIP)数据

自动控制原理实验教程/王家林主编. —武汉：华中科技大学出版社，2023.1
ISBN 978-7-5680-8906-7

Ⅰ.①自… Ⅱ.①王… Ⅲ.①自动控制理论-实验-教材 Ⅳ.①TP13-33

中国版本图书馆 CIP 数据核字(2022)第 238081 号

自动控制原理实验教程 王家林 主编
Zidong Kongzhi Yuanli Shiyan Jiaocheng

策划编辑：王汉江
责任编辑：陈元玉
封面设计：秦 茹
责任监印：周治超
出版发行：华中科技大学出版社(中国·武汉) 电话：(027)81321913
武汉市东湖新技术开发区华工科技园 邮编：430223
录 排：武汉市洪山区佳年华文印部
印 刷：武汉开心印印刷有限公司
开 本：787mm×1092mm 1/16
印 张：8.75
字 数：208 千字
版 次：2023 年 1 月第 1 版第 1 次印刷
定 价：28.00 元

PREFACE

前言

为适应新编人才培养方案和新编课程教学计划的要求，我们对原校内使用的《自动控制原理/计算机控制技术实验指导书》进行了大幅修改，重新编写了本实验教程。一是根据近年来实验教学的实际情况和学生反映的情况，我们对原实验指导书中的内容进行了整合优化和重新编排，增加了数学基础和自动控制的基础理论内容。二是在基础实验的项目中新增了 MATLAB 仿真实验，便于学生进行仿真实验和对比验证，培养学生利用软件工具进行仿真分析的能力。三是编写了 MATLAB/Simulink 简明手册，简要介绍 MATLAB 的软件界面、MATLAB 程序基础和 Simulink 操作，便于查阅参考。

自动控制原理是一门理论性和实践性都很强的专业课程。加强实验教学，不仅有助于理论联系实际，深化理论教学，而且有助于培养学生科学实验和工程实践的能力。本实验教程以新编课程教学计划为依据，以培养学生基本的实验操作技能和科学规范的实验方法为目标，突出学生创新思维能力和计算机工具运用能力的培养，以适应当前人才培养方案和课程教学改革的需要。

本书由海军工程大学电气工程学院王家林副教授担任主编，海军工程大学冯国利、海军工程大学闫晓玲、北京市朝阳区职工大学林启惠和海军工程大学王黎明担任副主编。北京市朝阳区职工大学林启惠老师从马克思哲学角度出发，在方法论、思想政治教育理论结合实践等方面对本书的编写贡献很多。本书参考了浙江天煌科技实业有限公司 THB-

DC-1型控制理论·计算机控制技术实验平台使用说明与实验指导，也参考并引用了相关机构和学者的文献，在此一并表示感谢。

由于水平有限，加之内容较多，书中不当之处在所难免，恳请读者不吝批评指正！

编　者

2022年9月

CONTENTS

目录

Chapter
01

第1章 数学基础

1.1 拉氏变换

拉普拉斯变换(简称拉氏变换)是一种求解线性常微分方程的简便运算方法。拉氏变换可以将复杂的线性常微分方程求解问题转化为简单的代数方程求解问题。

1.1.1 拉氏变换的基本概念

设 $f(t)$为时间 t 的函数,且当 $t<0$ 时 $f(t)=0$,则 $f(t)$的拉氏变换定义为

$$F(s) = \mathscr{L}[f(t)] = \int_0^\infty f(t)\mathrm{e}^{-st}\,\mathrm{d}t$$

相应的拉氏反变换则为

$$f(t) = \mathscr{L}^{-1}[F(s)] = \frac{1}{2\pi\mathrm{j}}\int_{c-\mathrm{j}\infty}^{c+\mathrm{j}\infty} F(s)\mathrm{e}^{st}\,\mathrm{d}s$$

式中:收敛横坐标 c 为实常量,其实部应大于 $F(s)$所有奇点的实部。

1.1.2 典型函数的拉氏变换

1. 脉冲函数

$$g(t)=\begin{cases}\lim\limits_{t_0\to 0}\dfrac{A}{t_0}, & 0<t<t_0\\ 0, & t<0,\quad t_0<t\end{cases}$$

则脉冲函数的拉氏变换为

$$\mathscr{L}[g(t)]=\lim_{t_0\to 0}\frac{As}{s}=A$$

2. 指数函数

$$f(t)=\begin{cases}0, & t<0\\ Ae^{-\alpha t}, & t\geqslant 0\end{cases}$$

式中：A 和 α 为常数。

那么指数函数的拉氏变换为

$$F(s)=\int_0^{\infty}Ae^{-\alpha t}e^{-st}\mathrm{d}t=\frac{A}{s+\alpha}$$

3. 阶跃函数

$$f(t)=\begin{cases}0, & t<0\\ A, & t\geqslant 0\end{cases}$$

式中：A 为常数，当 $A=1(t)$ 时，则为单位阶跃函数。

阶跃函数的拉氏变换为

$$F(s)=\int_0^{\infty}Ae^{-st}\mathrm{d}t=\frac{A}{s}$$

4. 斜坡函数

$$f(t)=\begin{cases}0, & t<0\\ At, & t\geqslant 0\end{cases}$$

式中：A 为常数。

斜坡函数的拉氏变换为

$$F(s)=\int_0^{\infty}At\,e^{-st}\mathrm{d}t=\frac{A}{s^2}$$

5. 抛物线函数

$$f(t)=\begin{cases}0, & t<0\\ At^2, & t\geqslant 0\end{cases}$$

式中:A 为常数。

抛物线函数的拉氏变换为

$$F(s)=\int_0^{\infty} At^2 \mathrm{e}^{-st}\,\mathrm{d}t=\frac{2A}{s^3}$$

6. 正弦函数

$$f(t)=\begin{cases}0, & t<0\\ A\sin\omega t, & t\geqslant 0\end{cases}$$

式中:A 和 ω 为常数。

正弦函数的拉氏变换为

$$\begin{aligned}F(s)&=\mathscr{L}[A\sin\omega t]=\frac{A}{2\mathrm{j}}\int_0^{\infty}(\mathrm{e}^{\mathrm{j}\omega t}-\mathrm{e}^{-\mathrm{j}\omega t})\mathrm{e}^{-st}\,\mathrm{d}t\\ &=\frac{A\omega}{s^2+\omega^2}\end{aligned}$$

1.1.3 拉氏变换性质

1. 实微分性质

设 $F(s)=\mathscr{L}[f(t)]$,则应用分部积分法求拉氏变换积分,有

$$\begin{aligned}\int_0^{\infty} f(t)\mathrm{e}^{-st}\,\mathrm{d}t&=f(t)\left.\frac{\mathrm{e}^{-st}}{-s}\right|_0^{\infty}-\int_0^{\infty}\left[\frac{\mathrm{d}}{\mathrm{d}t}f(t)\right]\frac{\mathrm{e}^{-st}}{-s}\mathrm{d}t\\ &=\frac{f(0)}{s}+\frac{1}{s}\mathscr{L}\left[\frac{\mathrm{d}}{\mathrm{d}t}f(t)\right]\end{aligned}$$

从而,

$$\mathscr{L}\left[\frac{\mathrm{d}}{\mathrm{d}t}f(t)\right]=sF(s)-f(0)$$

同理可得

$$\mathscr{L}\left[\frac{\mathrm{d}^2}{\mathrm{d}t^2}f(t)\right]=s^2F(s)-sf(0)-\dot{f}(0)$$

$$\mathscr{L}\left[\frac{\mathrm{d}^n}{\mathrm{d}t^n}f(t)\right]=s^nF(s)-s^{n-1}f(0)-s^{n-2}\dot{f}(0)-\cdots-f^{(n-1)}(0)$$

2. 终值定理

如果函数 $f(t)$ 和 $\mathrm{d}f(t)/\mathrm{d}t$ 是可拉氏变换的，象函数 $F(s)$ 是 $f(t)$ 的拉氏变换，并且极限 $\lim\limits_{t\to\infty}f(t)$ 存在，则有

$$\lim_{t\to\infty}f(t)=\lim_{s\to 0}F(s)$$

当且仅当 $\lim\limits_{t\to\infty}f(t)$ 存在，才能应用终值定理，这意味着当 $t\to\infty$ 时，$f(t)$ 将稳定到确定值。如果 $sF(s)$ 的所有极点均位于左半 s 平面，则 $\lim\limits_{t\to\infty}f(t)$ 存在；如果 $sF(s)$ 有极点位于虚轴或位于右半 s 平面内，则 $f(t)$ 将分别包含振荡的或按指数规律增长的时间函数分量，因此 $\lim\limits_{t\to\infty}f(t)$ 不存在。

3. 积分性质

如果函数 $f(t)$ 是指数级的，且 $f(0_-)=f(0_+)=f(0)$，$F(s)=\mathscr{L}[f(t)]$，则

$$\begin{aligned}
\mathscr{L}\left[\int f(t)\mathrm{d}t\right] &= \int_0^\infty\left[\int f(t)\mathrm{d}t\right]\mathrm{e}^{-st}\mathrm{d}t \\
&= \left[\int f(t)\mathrm{d}t\right]\frac{\mathrm{e}^{-st}}{-s}\Bigg|_0^\infty - \int_0^\infty f(t)\,\frac{\mathrm{e}^{-st}}{-s}\mathrm{d}t \\
&= \frac{1}{s}\int f(t)\mathrm{d}t\Bigg|_{t=0} + \frac{1}{s}\int_0^\infty f(t)\mathrm{e}^{-st}\mathrm{d}t \\
&= \frac{f^{-1}(0)}{s}+\frac{F(s)}{s}
\end{aligned}$$

如果 $f(t)$ 在 $t=0$ 处包含一个脉冲函数，则 $f^{-1}(0_+)\neq f^{-1}(0_-)$。此时，必须对积分定理作如下修改：

$$\mathscr{L}_+\left[\int f(t)\mathrm{d}t\right]=\frac{F(s)}{s}+\frac{f^{-1}(0_+)}{s}$$

$$\mathscr{L}_-\left[\int f(t)\mathrm{d}t\right]=\frac{F(s)}{s}+\frac{f^{-1}(0_-)}{s}$$

4. 复微分性质

若函数 $f(t)$ 可拉氏变换，则除了在 $F(s)$ 的极点之外，有

$$\begin{aligned}
\mathscr{L}[tf(t)] &= \int_0^\infty tf(t)\mathrm{e}^{-st}\mathrm{d}t \\
&= -\int_0^\infty f(t)\,\frac{\mathrm{d}}{\mathrm{d}s}(\mathrm{e}^{-st})\mathrm{d}t \\
&= -\frac{\mathrm{d}}{\mathrm{d}s}\int_0^\infty f(t)\mathrm{e}^{-st}\mathrm{d}t \\
&= -\frac{\mathrm{d}}{\mathrm{d}s}F(s)
\end{aligned}$$

类似地，令 $tf(t)=g(t)$，有

$$\begin{aligned}\mathscr{L}[t^2 f(t)] &= -\frac{\mathrm{d}}{\mathrm{d}s}G(s)\\ &= -\frac{\mathrm{d}}{\mathrm{d}s}\left[-\frac{\mathrm{d}}{\mathrm{d}s}F(s)\right]\\ &= (-1)^2\frac{\mathrm{d}^2}{\mathrm{d}s^2}F(s)\end{aligned}$$

重复上述过程，可得

$$\mathscr{L}[t^n f(t)]=(-1)^n\frac{\mathrm{d}^n}{\mathrm{d}s^n}F(s),\quad n=1,2,3,\cdots$$

5. 卷积定理

卷积函数为

$$f_1(t)*f_2(t)=\int_0^t f_1(t-\tau)f_2(\tau)\mathrm{d}\tau$$

6. 时间平移性质

设函数为 $f(t)$，当 $t<0$ 时，$f(t)=0$；平移函数为 $f(t-\alpha)1(t-\alpha)$，其中 $\alpha\geqslant 0$ 且 $t<\alpha$ 时，$f(t-\alpha)1(t-\alpha)=0$，则平移函数的拉氏变换为

$$\begin{aligned}&\mathscr{L}[f(t-\alpha)1(t-\alpha)]\\ &=\int_0^\infty f(t-\alpha)1(t-\alpha)\mathrm{e}^{-st}\mathrm{d}t\end{aligned}$$

7. 复域平移性质

若 $f(t)$可拉氏变换，且其拉氏变换为 $F(s)$，则 $\mathrm{e}^{-\alpha t}f(t)$的拉氏变换为

$$\begin{aligned}\mathscr{L}[\mathrm{e}^{-\alpha t}f(t)] &= \int_0^\infty \mathrm{e}^{-\alpha t}f(t)\mathrm{e}^{-st}\mathrm{d}t\\ &= F(s+\alpha)\end{aligned}$$

8. 时间比例变换

设函数 $f(t)$的拉氏变换为 $F(s)$，改变时间比例尺的函数为 $f(t/\alpha)$，其中 α 为正常数，则 $f(t/\alpha)$的拉氏变换为

$$\begin{aligned}\mathscr{L}[f(t/\alpha)] &= \int_0^\infty f(t/\alpha)\mathrm{e}^{-st}\mathrm{d}t\\ &= \alpha F(s_1)\\ &= \alpha F(\alpha s)\end{aligned}$$

1.1.4 拉氏反变换

求拉氏反变换的简单方法是利用拉氏变换表。如果在表中查找不到某个变换式$F(s)$，那么可以将$F(s)$展开成部分分式，写成s的简单函数形式，再去查表。

应当指出，这种寻求拉氏反变换的简单方法基于如下事实：对于任何连续的时间函数，它与其拉氏变换之间保持唯一的对应关系。

一般地，象函数$F(s)$是复变量s的有理代数分式，可以表示如下：

$$F(s)=\frac{B(s)}{A(s)}=\frac{b_0 s^m+b_1 s^{m-1}+\cdots+b_{m-1}s+b_m}{s^n+a_1 s^{n-1}+\cdots+a_{n-1}s+a_n}$$

式中：系数$a_1,a_2,\cdots,a_n$和$b_0,b_1,b_2,\cdots,b_m$都是实常数；m和n为正整数，通常$m<n$。

为了将$F(s)$展开成部分分式，需要对$A(s)$进行因式分解，得到

$$F(s)=\frac{B(s)}{A(s)}=\frac{b_0 s^m+b_1 s^{m-1}+\cdots+b_{m-1}s+b_m}{(s-s_1)(s-s_2)\cdots(s-s_n)}$$

式中：$s_i(i=1,2,\cdots,n)$称为$F(s)$的极点。

1. $F(s)$无重极点

$$F(s)=\sum_{i=1}^{n}\frac{c_i}{s-s_i}$$

式中：c_i为待定常数，称为$F(s)$在极点s_i处的留数，可按下式计算，

$$c_i=\lim_{s\to s_i}(s-s_i)F(s)$$

于是，可方便求得原函数

$$f(t)=\mathscr{L}^{-1}[F(s)]=\sum_{i=1}^{n}c_i \mathrm{e}^{s_i t}$$

上式表明，有理代数分式函数的拉氏反变换可表示为若干指数项之和。

2. $F(s)$有多重极点

设$A(s)=0$有r个重根s_1，则$F(s)$可写为

$$\begin{aligned}F(s)&=\frac{B(s)}{(s-s_1)^r(s-s_{r+1})\cdots(s-s_n)}\\&=\frac{c_r}{(s-s_1)^r}+\frac{c_{r-1}}{(s-s_1)^{r-1}}+\cdots+\frac{c_1}{s-s_1}+\frac{c_{r+1}}{s-s_{r+1}}+\cdots+\frac{c_n}{s-s_n}\end{aligned}$$

式中：待定常数$c_{r+1},\cdots,c_n$按$F(s)$无重极点时的留数计算

$$c_i=\lim_{s\to s_i}(s-s_i)F(s),\quad i=r+1,r+2,\cdots,n$$

而重极点对应的待定常数$(c_r,c_{r-1},\cdots,c_1)$则按下式确定：

$$c_r = \lim_{s \to s_1} (s - s_1)^r F(s)$$

$$c_{r-1} = \lim_{s \to s_1} \frac{\mathrm{d}}{\mathrm{d}s} [(s - s_1)^r F(s)]$$

$$\vdots$$

$$c_{r-j} = \frac{1}{j!} \lim_{s \to s_1} \frac{\mathrm{d}^{(j)}}{\mathrm{d}s^j} [(s - s_1)^r F(s)]$$

$$\vdots$$

$$c_1 = \frac{1}{(r-1)!} \lim_{s \to s_1} \frac{\mathrm{d}^{r-1}}{\mathrm{d}s^{r-1}} [(s - s_1)^r F(s)]$$

因此,原函数

$$f(t) = \mathscr{L}^{-1}[F(s)]$$

$$= \left[\frac{c_r}{(r-1)!} t^{r-1} + \frac{c_{r-1}}{(r-2)!} t^{r-2} + \cdots + c_2 t + c_1 \right] \mathrm{e}^{s_1 t} + \sum_{i=r+1}^{n} c_i \mathrm{e}^{s_i t}$$

1.2 z 变换

z 变换是从拉氏变换直接引申出来的一种变换方法,它实际上是采样函数拉氏变换的一种变形。因此,z 变换又称采样拉氏变换,是研究线性定常离散系统的重要数学工具。

1.2.1 z 变换定义

设连续函数 $e(t)$是可拉氏变换的,则

$$E(s) = \int_0^{\infty} e(t) \mathrm{e}^{-st} \mathrm{d}t$$

由于 $t<0$,则有 $e(t)=0$,故上式又可表示为

$$E(s) = \int_{-\infty}^{\infty} e(t) \mathrm{e}^{-st} \mathrm{d}t$$

对于 $e(t)$的采样信号,

$$e^*(t) = \sum_{n=0}^{\infty} e(nT) \delta(t - nT)$$

其拉氏变换为

$$E^*(s) = \int_{-\infty}^{\infty} e^*(t) \mathrm{e}^{-st} \mathrm{d}t$$

$$= \sum_{n=0}^{\infty} e(nT)\left[\int_{-\infty}^{\infty} \delta(t-nT)\mathrm{e}^{-st}\,\mathrm{d}t\right]$$

由广义脉冲函数的筛选性质，

$$\int_{-\infty}^{\infty} \delta(t-nT)f(t)\,\mathrm{d}t = f(nT)$$

故有

$$\int_{-\infty}^{\infty} \delta(t-nT)\mathrm{e}^{-st}\,\mathrm{d}t = \mathrm{e}^{-snT}$$

于是采样拉氏变换可表示为

$$E^{*}(s) = \sum_{n=0}^{\infty} e(nT)\mathrm{e}^{-snT}$$

令 $z=\mathrm{e}^{sT}$，其中 T 为采样周期，z 是复平面上定义的一个复变量，称为 z 变换算子。那么采样信号 $e^{*}(t)$ 的 z 变换定义为

$$E(z) = E^{*}(s)\big|_{s=\frac{1}{T}\ln z} = \sum_{n=0}^{\infty} e(nT)z^{-n}$$

记作

$$E(z)=\mathscr{Z}[e^{*}(t)]=\mathscr{Z}[e(t)]$$

1.2.2 z 变换方法

1. 级数求和法

$$\begin{aligned} E(z) &= \sum_{n=0}^{\infty} e(nT)z^{-n} \\ &= e(0)+e(T)z^{-1}+e(2T)z^{-2}+\cdots+e(nT)z^{-n}+\cdots \end{aligned}$$

上式是离散时间函数 $e^{*}(t)$ 的无穷级数表达形式。通常，对于常用函数 z 变换的级数形式，都可以写出其闭合形式。

2. 部分分式法

先求出已知连续时间函数 $e(t)$ 的拉氏变换 $E(s)$，然后将有理分式函数 $E(s)$ 展开成部分分式之和的形式，使每个部分分式对应简单的时间函数，其相应的 z 变换是已知的，因此可以查 z 变换表，这样能方便地求出 $E(s)$ 对应的 z 变换 $E(z)$。

1.2.3 z 变换性质

z 变换有一些基本定理，可以使 z 变换的应用变得简单和方便。以下定理的阐述均

略去其证明。

1. 线性定理

若 $E_1(z)=\mathscr{Z}[e_1(t)]$，$E_2(z)=[e_2(t)]$，$a$ 为常数，则

$$\mathscr{Z}[e_1(t)\pm e_2(t)]=E_1(z)\pm E_2(z)$$

$$\mathscr{Z}[ae(t)]=aE(z)$$

式中：$E(z)=\mathscr{Z}[e(t)]$。

2. 实数位移定理

如果函数 $e(t)$ 是可拉氏变换的，其 z 变换为 $E(z)$，则有

$$\mathscr{Z}[e(t-kT)]=z^{-k}E(z)$$

以及

$$\mathscr{Z}[e(t+kT)]=z^k\left[E(z)-\sum_{n=0}^{k-1}e(nT)z^{-n}\right]$$

3. 复数位移定理

如果函数 $e(t)$ 是可拉氏变换的，其 z 变换为 $E(z)$，则有

$$\mathscr{Z}[\mathrm{e}^{\mp at}e(t)]=E(z\mathrm{e}^{\pm aT})$$

4. 终值定理

如果函数 $e(t)$ 的 z 变换为 $E(z)$，函数序列 $e(nT)$ 为有限值（$n=0,1,2,\cdots$），且极限 $\lim\limits_{n\to\infty}e(nT)$ 存在，则函数序列的终值

$$\lim_{n\to\infty}e(nT)=\lim_{z\to 1}(z-1)E(z)$$

5. 卷积定理

设 $x(nT)$ 和 $y(nT)$ 为两个采样函数，其离散卷积积分定义为

$$x(nT)*y(nT)=\sum_{k=0}^{\infty}x(kT)y[(n-k)T]$$

则卷积定理如下：

若

$$g(nT)=x(nT)*y(nT)$$

则必有

$$G(z)=X(z)\cdot Y(z)$$

其中

$$X(z)=\sum_{k=0}^{\infty}x(kT)z^{-k}$$

$$Y(z)=\sum_{n=0}^{\infty}y(nT)z^{-n}$$

$$G(z)=\mathscr{Z}[g(nT)]=\mathscr{Z}[x(nT)*y(nT)]$$

1.2.4 z 反变换

所谓 z 反变换，是已知 z 变换表达式 $E(z)$，求相应离散序列 $e(nT)$ 的过程。记为

$$e(nT)=Z^{-1}[E(z)]$$

进行 z 反变换时，信号序列仍是单边的，即当 $n<0$ 时，$e(nT)=0$ 常用的 z 反变换法有如下三种。

1. 部分分式法

部分分式法又称查表法，即需要将 $E(z)$ 展开成部分分式以便查表。考虑到 z 变换表中所有 z 变换函数 $E(z)$ 在其分子上普遍都有因子 z，因此应将 $E(z)/z$ 展开成部分分式，然后将所得结果的每一项都乘以 z，即得 $E(z)$ 的部分分式展开式。

设已知的 z 变换函数 $E(z)$ 无重极点，求出 $E(z)$ 的极点为 $z_1,z_2,\cdots,z_n$，再将 $E(z)/z$ 展开成

$$\frac{E(z)}{z}=\sum_{i=1}^{n}\frac{A_i}{z-z_i}$$

式中：A_i 为 $E(z)/z$ 在极点 z_i 处的留数，再由上式写出 $E(z)$ 的部分分式展开式

$$E(z)=\frac{A_iz}{z-z_i}$$

然后逐项查 z 变换表，得到

$$e_i(nT)=\mathscr{Z}^{-1}\left[\frac{A_iz}{z-z_i}\right],\quad i=1,2,\cdots,n$$

最后写出 $E(z)$ 对应的采样函数

$$e^*(t)=\sum_{n=0}^{\infty}\sum_{i=1}^{n}e_i(nT)\delta(t-nT)$$

2. 幂级数法

幂级数法又称综合除法。由 z 变换表可知，z 变换函数 $E(z)$ 可以表示为

$$E(z)=\frac{b_0+b_1z^{-1}+b_2z^{-2}+\cdots+b_mz^{-m}}{1+a_1z^{-1}+a_2z^{-2}+\cdots+a_nz^{-n}},\quad m\leqslant n$$

式中：$a_i(i=1,2,\cdots,n)$ 和 $b_j(j=0,1,\cdots,m)$ 均为常系数。对上式表达的 $E(z)$ 进行综合除

法,得到按 z^{-1} 升幂排列的幂级数展开式

$$\begin{aligned} E(z) &= c_0 + c_1 z^{-1} + c_2 z^{-2} + \cdots + c_n z^{-n} + \cdots \\ &= \sum_{n=0}^{\infty} c_n z^{-n} \end{aligned}$$

如果所得到的无穷幂级数是收敛的,则由 z 变换定义可知,幂级数展开式中的系数 $c_n(n=0,1,\cdots,n)$ 就是采用脉冲序列 $e^*(t)$ 的脉冲强度 $e(nT)$。因此可得 $E(z)$ 对应的采样函数

$$e^*(t) = \sum_{n=0}^{\infty} c_n \delta(t - nT)$$

3. 反演积分法

反演积分法又称留数法。当 z 变换函数 $E(z)$ 为超越函数时,无法应用部分分式法及幂级数法来求 z 反变换,而只能采用反演积分法。当然,反演积分法对 $E(z)$ 为真有理分式的情况也是适用的。由于 $E(z)$ 的幂级数展开式为

$$\begin{aligned} E(z) &= \sum_{n=0}^{\infty} e(nT) z^{-n} \\ &= e(0) + e(T)z^{-1} + e(2T)z^{-2} + \cdots + e(nT)z^{-n} + \cdots \end{aligned}$$

所以函数 $E(z)$ 可以看成是 z 平面上的劳伦级数。级数的各系数 $e(nT)(n=0,1,\cdots)$ 可以由积分的方法求出。因为在求积分值时要应用柯西留数定理,故也称留数法。用 z^{n-1} 乘以幂级数展开式两端,得

$$E(z)z^{n-1} = e(0)z^{n-1} + e(T)z^{n-2} + \cdots + e(nT)z^{-1} + \cdots$$

设 Γ 为 z 平面上包围 $E(z)z^{n-1}$ 全部极点的封闭曲线,且设沿反时针方向对上式两端同时积分,可得

$$\oint_\Gamma E(z)z^{n-1}\mathrm{d}z = \oint_\Gamma e(0)z^{n-1}\mathrm{d}z + \oint_\Gamma e(T)z^{n-2}\mathrm{d}z + \cdots + \oint_\Gamma e(nT)z^{-1}\mathrm{d}z + \cdots$$

由复变函数论可知,对于围绕原点的积分闭路,有如下关系式:

$$\oint_\Gamma z^{k-n-1}\mathrm{d}z = \begin{cases} 0, & k \neq n \\ 2\pi \mathrm{j}, & k = n \end{cases}$$

因此在积分式中,除

$$\oint_\Gamma e(nT)z^{-1}\mathrm{d}z = e(nT) \cdot 2\pi \mathrm{j}$$

外,其余各项均为零。由此得到反演公式

$$e(nT) = \frac{1}{2\pi \mathrm{j}} \oint_\Gamma E(z)z^{n-1}\mathrm{d}z$$

根据柯西留数定理,设函数 $E(z)z^{n-1}$ 除有限极点 $z_1, z_2, \cdots, z_k$ 外,在域 G 上是解析的。如果有闭合路径 Γ 包含了这些极点,则有

$$e(nT) = \frac{1}{2\pi j}\oint_{\Gamma} E(z) z^{n-1} dz = \sum_{i=1}^{k} \mathrm{Res}\left[E(z) z^{n-1}\right]_{z \to z_i}$$

式中：$\mathrm{Res}\left[E(z)z^{n-1}\right]_{z\to z_i}$表示函数$E(z)z^{n-1}$在极点$z_i$处的留数。因此，$E(z)$对应的采样函数为

$$e^*(t) = \sum_{n=0}^{\infty} e(nT)\delta(t - nT)$$

1.3 矩阵代数基础

1.3.1 矩阵代数

1. 矩阵的加减法

如果矩阵$\boldsymbol{A}$和矩阵$\boldsymbol{B}$具有相等数量的行和列，则$\boldsymbol{A}$和$\boldsymbol{B}$可以相加或相减。

设$\boldsymbol{A}=[a_{ij}]$，$\boldsymbol{B}=[b_{ij}]$，则

$$\boldsymbol{A}+\boldsymbol{B}=[a_{ij}+b_{ij}], \quad \boldsymbol{A}-\boldsymbol{B}=[a_{ij}-b_{ij}]$$

2. 数与矩阵的乘法

对于矩阵$\boldsymbol{A}=[a_{ij}]$和数k，有

$$k\boldsymbol{A}=\begin{bmatrix} ka_{11} & ka_{12} & \cdots & ka_{1m} \\ ka_{21} & ka_{22} & \cdots & ka_{2m} \\ \vdots & \vdots & & \vdots \\ ka_{n1} & ka_{n2} & \cdots & ka_{nm} \end{bmatrix}$$

3. 矩阵与矩阵的乘法

设$\boldsymbol{A}\in\mathbf{R}^{n\times m}$，$\boldsymbol{B}\in\mathbf{R}^{m\times p}$，则$\boldsymbol{A}$可用$\boldsymbol{B}$右乘，或者说，$\boldsymbol{B}$可用$\boldsymbol{A}$左乘，其乘积

$$\boldsymbol{AB} = \boldsymbol{C} = [c_{ij}] = \left[\sum_{k=1}^{m} a_{ik} b_{kj}\right], \quad i = 1,2,\cdots,n; j = 1,2,\cdots,p$$

通常，矩阵的乘法是不可交换的，即除个别情况外，$\boldsymbol{AB}\neq\boldsymbol{BA}$；特别是，即使$\boldsymbol{A}$与$\boldsymbol{B}$可以相乘，但$\boldsymbol{B}$与$\boldsymbol{A}$不一定可以相乘。

矩阵乘法适用结合律与分配律，即

$$(\boldsymbol{AB})\boldsymbol{C}=\boldsymbol{A}(\boldsymbol{BC})$$

$$(\boldsymbol{A}+\boldsymbol{B})\boldsymbol{C}=\boldsymbol{AC}+\boldsymbol{BC}$$

$$\boldsymbol{C}(\boldsymbol{A}+\boldsymbol{B})=\boldsymbol{CA}+\boldsymbol{CB}$$

4. 矩阵的幂

方阵 $\boldsymbol{A}$ 的 k 次方，由下式定义：

$$\boldsymbol{A}^k=\underbrace{\boldsymbol{AA}\cdots\boldsymbol{A}}_{k}$$

并称为矩阵 $\boldsymbol{A}$ 的 k 次幂。对于对角线矩阵

$$\boldsymbol{A}=\mathrm{diag}(a_{11},a_{22},\cdots,a_{nn})$$

有
$$\boldsymbol{A}^k=\mathrm{diag}(a_{11}^k,a_{22}^k,\cdots,a_{mm}^k)$$

5. 矩阵的转置

矩阵和$(\boldsymbol{A}+\boldsymbol{B})$与矩阵积$(\boldsymbol{AB})$的转置矩阵，由下式给出：

$$(\boldsymbol{A}+\boldsymbol{B})^{\mathrm{T}}=\boldsymbol{A}^{\mathrm{T}}+\boldsymbol{B}^{\mathrm{T}}$$

$$(\boldsymbol{AB})^{\mathrm{T}}=\boldsymbol{B}^{\mathrm{T}}\boldsymbol{A}^{\mathrm{T}}$$

同样地，对于 $\boldsymbol{A}+\boldsymbol{B}$ 和 $\boldsymbol{AB}$ 的共轭转置矩阵，有如下结果：

$$(\boldsymbol{A}+\boldsymbol{B})^*=\boldsymbol{A}^*+\boldsymbol{B}^*$$

$$(\boldsymbol{AB})^*=\boldsymbol{B}^*\boldsymbol{A}^*$$

6. 矩阵的秩

如果矩阵 $\boldsymbol{A}$ 的 $m\times m$ 子矩阵 $\boldsymbol{M}$ 存在，且 $\boldsymbol{M}$ 的行列式不为零，而 $\boldsymbol{A}$ 的每一个 $r\times r$ 子矩阵($r\geqslant m+1$)的行列式均为零，则矩阵 $\boldsymbol{A}$ 具有秩 m，表示为

$$\mathrm{rank}\boldsymbol{A}=m$$

7. 矩阵的迹

方阵 $\boldsymbol{A}$ 主对角线上的元素之和定义为方阵 $\boldsymbol{A}$ 的迹，记作

$$\mathrm{tr}\boldsymbol{A}=a_{11}+a_{22}+\cdots+a_{mm}$$

1.3.2 矩阵变换

1. 子式 $\boldsymbol{M}_{ij}$

如果从 $n\times n$ 矩阵 $\boldsymbol{A}$ 中去掉第 i 行和第 j 列所得到的是一个$(n-1)\times(n-1)$矩阵，则把$(n-1)\times(n-1)$矩阵的行列式称为矩阵 $\boldsymbol{A}$ 的子式 $\boldsymbol{M}_{ij}$。

2. 代数余子式 $\boldsymbol{A}_{ij}$

矩阵 $\boldsymbol{A}$ 的元素 a_{ij} 的代数余子式 $\boldsymbol{A}_{ij}$，以下式定义：

$$\boldsymbol{A}_{ij}=(-1)^{i+j}\boldsymbol{M}_{ij}$$

3. 伴随矩阵

矩阵 $\boldsymbol{B}$，当其第 i 行和第 j 列的元素等于矩阵 $\boldsymbol{A}$ 的代数余子式 $\boldsymbol{A}_{ij}$ 时，矩阵 $\boldsymbol{B}$ 称为矩阵 $\boldsymbol{A}$ 的伴随矩阵，记作

$$\boldsymbol{B}=[b_{ij}]=[\boldsymbol{A}_{ji}]=\mathrm{adj}\boldsymbol{A}$$

上式表明，$\boldsymbol{A}$ 的伴随矩阵是以 $\boldsymbol{A}$ 的代数余子式为元素所组成的矩阵的转置矩阵，即

$$\mathrm{adj}\boldsymbol{A}=\begin{bmatrix}\boldsymbol{A}_{11} & \boldsymbol{A}_{21} & \cdots & \boldsymbol{A}_{n1}\\ \boldsymbol{A}_{12} & \boldsymbol{A}_{22} & \cdots & \boldsymbol{A}_{n2}\\ \vdots & \vdots & & \vdots\\ \boldsymbol{A}_{1n} & \boldsymbol{A}_{2n} & \cdots & \boldsymbol{A}_{nn}\end{bmatrix}$$

可以证明，下列关系式成立：

$$\boldsymbol{A}(\mathrm{adj}\boldsymbol{A})=(\mathrm{adj}\boldsymbol{A})\boldsymbol{A}=|\boldsymbol{A}|\boldsymbol{I}$$

式中，$|\boldsymbol{A}|$ 表示矩阵 $\boldsymbol{A}$ 的行列式。

4. 矩阵的逆矩阵

对于方阵 $\boldsymbol{A}$，如果存在矩阵 $\boldsymbol{B}$，使得 $\boldsymbol{AB}=\boldsymbol{BA}=\boldsymbol{I}$，则矩阵 $\boldsymbol{B}$ 称为矩阵 $\boldsymbol{A}$ 的逆矩阵，记作 $\boldsymbol{A}^{-1}$。若 $\boldsymbol{A}$ 的行列式不为零，即 $\boldsymbol{A}$ 是非奇异的，则矩阵 $\boldsymbol{A}$ 的逆矩阵 $\boldsymbol{A}^{-1}$ 是存在的。

逆矩阵 $\boldsymbol{A}^{-1}$ 有如下特性：

$$\boldsymbol{AA}^{-1}=\boldsymbol{A}^{-1}\boldsymbol{A}=\boldsymbol{I}$$

式中：$\boldsymbol{I}$ 为单位矩阵。

如果矩阵 $\boldsymbol{A}$ 非奇异，且 $\boldsymbol{AB}=\boldsymbol{C}$，则 $\boldsymbol{B}=\boldsymbol{A}^{-1}\boldsymbol{C}$。

如果矩阵 $\boldsymbol{A}$ 和矩阵 $\boldsymbol{B}$ 均是非奇异的，则乘积 $\boldsymbol{AB}$ 也是非奇异矩阵。此外，有

$$(\boldsymbol{AB})^{-1}=\boldsymbol{B}^{-1}\boldsymbol{A}^{-1}$$

矩阵的逆矩阵求法如下：

如果

$$\boldsymbol{A}=\begin{bmatrix}a_{11} & a_{12} & \cdots & a_{1n}\\ a_{21} & a_{22} & \cdots & a_{2n}\\ \vdots & \vdots & & \vdots\\ a_{n1} & a_{n2} & \cdots & a_{nn}\end{bmatrix}$$

则矩阵的逆矩阵是其伴随矩阵除以该矩阵的行列式，即

$$A^{-1}=\frac{\mathrm{adj}A}{|A|}=\frac{1}{|A|}\begin{bmatrix} A_{11} & A_{21} & \cdots & A_{n1} \\ A_{12} & A_{22} & \cdots & A_{n2} \\ \vdots & \vdots & & \vdots \\ A_{1n} & A_{2n} & \cdots & A_{nn} \end{bmatrix}$$

5. 矩阵的相消

矩阵相消在矩阵代数中是无效的。可以证明：如果 $\boldsymbol{A}$ 和 $\boldsymbol{B}$ 是不为零的矩阵，且 $\boldsymbol{AB}=0$，则 $\boldsymbol{A}$ 和 $\boldsymbol{B}$ 一定是奇异矩阵；如果 $\boldsymbol{A}$ 为奇异矩阵，那么，无论是 $\boldsymbol{AB}=\boldsymbol{AC}$ 还是 $\boldsymbol{BA}=\boldsymbol{CA}$，都不意味着 $\boldsymbol{B}=\boldsymbol{C}$；如果 $\boldsymbol{A}$ 是非奇异矩阵，则 $\boldsymbol{AB}=\boldsymbol{AC}$，意味着 $\boldsymbol{B}=\boldsymbol{C}$ 和 $\boldsymbol{BA}=\boldsymbol{CA}$，也意味着 $\boldsymbol{B}=\boldsymbol{C}$。

6. 矩阵和特征根

对于矩阵方程，

$$\boldsymbol{y}=\boldsymbol{A}\boldsymbol{x}$$

式中：$\boldsymbol{y}\in\mathbf{R}^n$，$\boldsymbol{A}\in\mathbf{R}^{n\times n}$，$\boldsymbol{x}\in\mathbf{R}^n$。令 $\boldsymbol{y}=\lambda\boldsymbol{x}$，其中 λ 为标量，则有

$$(\lambda\boldsymbol{I}-\boldsymbol{A})\boldsymbol{x}=\boldsymbol{0}$$

当且仅当

$$\det(\lambda\boldsymbol{I}-\boldsymbol{A})=\boldsymbol{0}$$

矩阵方程才有解。其中，$\det(\lambda\boldsymbol{I}-\boldsymbol{A})$ 称为矩阵 $\boldsymbol{A}$ 的特征行列式，$\det(\lambda\boldsymbol{I}-\boldsymbol{A})=\boldsymbol{0}$ 称为特征方程。

对于特征方程每个可能的特征根 $\lambda_i(i=1,2,\cdots,n)$，有

$$(\lambda_i\boldsymbol{I}-\boldsymbol{A})\boldsymbol{x}_i=\boldsymbol{0}$$

式中：$\boldsymbol{x}_i$ 为对应第 i 个特征根 λ_i 的特征向量。

1.3.3　矩阵微积分

1. 矩阵微积分的定义

设 $n\times m$ 矩阵 $\boldsymbol{A}(t)$ 的所有元素 $a_{ij}(t)$ 都具有对 t 的导数，则矩阵 $\boldsymbol{A}(t)$ 的微分定义为

$$\frac{\mathrm{d}}{\mathrm{d}t}\boldsymbol{A}(t)=\begin{bmatrix} \frac{\mathrm{d}}{\mathrm{d}t}a_{11}(t) & \frac{\mathrm{d}}{\mathrm{d}t}a_{12}(t) & \cdots & \frac{\mathrm{d}}{\mathrm{d}t}a_{1m}(t) \\ \frac{\mathrm{d}}{\mathrm{d}t}a_{21}(t) & \frac{\mathrm{d}}{\mathrm{d}t}a_{22}(t) & \cdots & \frac{\mathrm{d}}{\mathrm{d}t}a_{2m}(t) \\ \vdots & \vdots & & \vdots \\ \frac{\mathrm{d}}{\mathrm{d}t}a_{n1}(t) & \frac{\mathrm{d}}{\mathrm{d}t}a_{n2}(t) & \cdots & \frac{\mathrm{d}}{\mathrm{d}t}a_{nm}(t) \end{bmatrix}$$

同样地，$n \times m$ 矩阵 $\boldsymbol{A}(t)$ 的积分用下面矩阵定义：

$$\int \boldsymbol{A}(t)\mathrm{d}t = \begin{bmatrix} \int a_{11}(t)\mathrm{d}t & \int a_{12}(t)\mathrm{d}t & \cdots & \int a_{1m}(t)\mathrm{d}t \\ \int a_{21}(t)\mathrm{d}t & \int a_{22}(t)\mathrm{d}t & \cdots & \int a_{2m}(t)\mathrm{d}t \\ \vdots & \vdots & & \vdots \\ \int a_{n1}(t)\mathrm{d}t & \int a_{n2}(t)\mathrm{d}t & \cdots & \int a_{nm}(t)\mathrm{d}t \end{bmatrix}$$

2. 矩阵指数函数的微分

矩阵的指数函数定义为幂级数

$$\mathrm{e}^{\boldsymbol{A}} = \boldsymbol{I} + \frac{\boldsymbol{A}}{1!} + \frac{\boldsymbol{A}^2}{2!} + \cdots + \frac{\boldsymbol{A}^k}{k!} + \cdots = \sum_{k=0}^{\infty} \frac{\boldsymbol{A}^k}{k!}$$

一个关于时间的矩阵指数函数定义为

$$\mathrm{e}^{\boldsymbol{A}t} = \sum_{k=0}^{\infty} \frac{\boldsymbol{A}^k t^k}{k!}$$

若矩阵指数函数对时间微分，则有

$$\frac{\mathrm{d}}{\mathrm{d}t}(\mathrm{e}^{\boldsymbol{A}t}) = \boldsymbol{A}\mathrm{e}^{\boldsymbol{A}t} = \mathrm{e}^{\boldsymbol{A}t}\boldsymbol{A}$$

3. 矩阵乘积的微分

如果矩阵 $\boldsymbol{A}(t)$ 和 $\boldsymbol{B}(t)$ 对 t 是可微的，则有

$$\frac{\mathrm{d}}{\mathrm{d}t}[\boldsymbol{A}(t)\boldsymbol{B}(t)] = \frac{\mathrm{d}\boldsymbol{A}(t)}{\mathrm{d}t}\boldsymbol{B}(t) + \boldsymbol{A}(t)\frac{\mathrm{d}\boldsymbol{B}(t)}{\mathrm{d}t}$$

4. 逆矩阵的微分

如果矩阵 $\boldsymbol{A}(t)$ 及其逆矩阵 $\boldsymbol{A}^{-1}(t)$ 对 t 是可微的，那么 $\boldsymbol{A}^{-1}(t)$ 的微分可以导出如下等式：

$$\frac{\mathrm{d}}{\mathrm{d}t}[\boldsymbol{A}(t)\boldsymbol{A}^{-1}(t)] = \frac{\mathrm{d}\boldsymbol{A}(t)}{\mathrm{d}t}\boldsymbol{A}^{-1}(t) + \boldsymbol{A}(t)\frac{\mathrm{d}\boldsymbol{A}^{-1}(t)}{\mathrm{d}t}$$

因为

$$\frac{\mathrm{d}}{\mathrm{d}t}[\boldsymbol{A}(t)\boldsymbol{A}^{-1}(t)] = \frac{\mathrm{d}}{\mathrm{d}t}\boldsymbol{I} = \boldsymbol{0}$$

故

$$\boldsymbol{A}(t)\frac{\mathrm{d}\boldsymbol{A}^{-1}(t)}{\mathrm{d}t} = -\frac{\mathrm{d}\boldsymbol{A}(t)}{\mathrm{d}t}\boldsymbol{A}^{-1}(t)$$

于是有

$$\frac{\mathrm{d}\boldsymbol{A}^{-1}(t)}{\mathrm{d}t} = -\boldsymbol{A}^{-1}(t)\frac{\mathrm{d}\boldsymbol{A}(t)}{\mathrm{d}t}\boldsymbol{A}^{-1}(t)$$

1.3.4 凯莱哈密尔顿定理

为了研究线性系统的能控性和能观性，需应用凯莱哈密尔顿定理及其推论，下面先介绍该定理。

凯莱哈密尔顿定理：设 n 阶矩阵 $\boldsymbol{A}$ 的特征多项式为

$$f(\lambda)=|\lambda\boldsymbol{I}-\boldsymbol{A}|=\lambda^n+a_{n-1}\lambda^{n-1}+\cdots+a_1\lambda+a_0$$

则矩阵 $\boldsymbol{A}$ 满足

$$f(\boldsymbol{A})=\boldsymbol{A}^n+a_{n-1}\boldsymbol{A}^{n-1}+\cdots+a_1\boldsymbol{A}+a_0\boldsymbol{I}=\boldsymbol{0}$$

推论 1 矩阵 $\boldsymbol{A}^n$ 可表示为 $\boldsymbol{A}$ 的 $(n-1)$ 次多项式：

$$\boldsymbol{A}^n=-a_{n-1}\boldsymbol{A}^{n-1}-a_{n-2}\boldsymbol{A}^{n-2}-\cdots-a_1\boldsymbol{A}-a_0\boldsymbol{I}$$

$$\begin{aligned}\boldsymbol{A}^{n+1}&=\boldsymbol{A}\boldsymbol{A}^n=-a_{n-1}\boldsymbol{A}^n-a_{n-2}\boldsymbol{A}^{n-1}-\cdots-a_1\boldsymbol{A}^2-a_0\boldsymbol{A}\\&=-a_{n-1}(-a_{n-1}\boldsymbol{A}^{n-1}-a_{n-2}\boldsymbol{A}^{n-2}-\cdots-a_1A-a_0I)\\&\quad-a_{n-2}\boldsymbol{A}^{n-1}-\cdots-a_1\boldsymbol{A}^2-a_0\boldsymbol{A}\\&=(a_{n-1}^2-a_{n-2})\boldsymbol{A}^{n-1}+(a_{n-1}a_{n-2}-a_{n-3})\boldsymbol{A}^{n-2}+\cdots\\&\quad+(a_{n-1}a_2-a_1)\boldsymbol{A}^2+(a_{n-1}a_1-a_0)\boldsymbol{A}+a_{n-1}a_0\boldsymbol{I}\end{aligned}$$

故 $\boldsymbol{A}^k(k\geqslant n)$ 可一般表示为 $\boldsymbol{A}$ 的 $(n-1)$ 次多项式：

$$\boldsymbol{A}^k=\sum_{m=0}^{n-1}\alpha_m\boldsymbol{A}^m,\quad k\geqslant n$$

式中：α_m 均与 $\boldsymbol{A}$ 矩阵元素有关。

利用推论 1 可简化计算矩阵的幂。

推论 2 矩阵指数 $e^{\boldsymbol{A}t}$ 可表示为 $\boldsymbol{A}$ 的 $(n-1)$ 次多项式，即

$$e^{\boldsymbol{A}t}=\sum_{m=0}^{n-1}\alpha_m(t)\boldsymbol{A}^m$$

同理

$$e^{-\boldsymbol{A}t}=\sum_{m=0}^{n-1}\alpha_m(t)\boldsymbol{A}^m$$

1.3.5 状态转移矩阵

线性定常系统状态转移矩阵为

$$\boldsymbol{\Phi}(t-t_0)=e^{A(t-t_0)}$$

它包含系统运动的全部信息，可完全表征系统的运动特征。

1. 状态转移矩阵的定义条件

$$\dot{\boldsymbol{\Phi}}(t-t_0)=\boldsymbol{A\Phi}(t-t_0),\quad t\geqslant t_0$$
$$\boldsymbol{\Phi}(0)=I$$

2. 状态转移矩阵的性质

(1) $\boldsymbol{\Phi}(0)=\boldsymbol{I}$;

(2) $\boldsymbol{\Phi}^{-1}(t-t_0)=\boldsymbol{\Phi}(t_0-t)$;

(3) $\boldsymbol{\Phi}(t_2-t_0)=\boldsymbol{\Phi}(t_2-t_1)\boldsymbol{\Phi}(t_1-t_0)$;

(4) $\boldsymbol{\Phi}(t_2+t_1)=\boldsymbol{\Phi}(t_2)\boldsymbol{\Phi}(t_1)$;

(5) $\boldsymbol{\Phi}(mt)=[\boldsymbol{\Phi}(t)]^m$。

3. 状态转移矩阵的计算

(1) 幂级数法。

$$\boldsymbol{\Phi}(t-t_0)=\mathrm{e}^{A(t-t_0)}=\boldsymbol{I}+\boldsymbol{A}(t-t_0)+\frac{1}{2!}\boldsymbol{A}^2\ (t-t_0)^2+\cdots+\frac{1}{n!}\boldsymbol{A}^n\ (t-t_0)^n+\cdots$$

(2) 拉氏变换法。

$$\boldsymbol{\Phi}(t)=\mathrm{e}^{\boldsymbol{A}t}=L^{-1}[(s\boldsymbol{I}-\boldsymbol{A})^{-1}]$$

(3) 将矩阵 $\boldsymbol{A}$ 化为对角标准型或约当标准型法。

先将矩阵 $\boldsymbol{A}$ 化为对角矩阵或约当矩阵 $\boldsymbol{A}'=\boldsymbol{P}^{-1}\boldsymbol{AP}$,再由以下公式计算状态转移矩阵 $\boldsymbol{\Phi}(t)=\mathrm{e}^{\boldsymbol{A}t}$。

$$\boldsymbol{\Phi}(t)=\mathrm{e}^{\boldsymbol{A}t}=\boldsymbol{P}\begin{bmatrix}\mathrm{e}_1 t^{\lambda} & & & 0\\ & \mathrm{e}^{\lambda_2 t} & & \\ & & \ddots & \\ 0 & & & \mathrm{e}^{\lambda_n t}\end{bmatrix}\boldsymbol{P}^{-1}$$

$$\boldsymbol{\Phi}(t)=\mathrm{e}^{\boldsymbol{A}t}=\boldsymbol{P}\boldsymbol{e}^{\lambda t}\begin{bmatrix}1 & t & \frac{t^2}{2!} & \cdots & \frac{1}{(n-1)!}t^{n-1}\\ & 1 & t & \ddots & \frac{1}{(n-2)!}t^{n-2}\\ & & \ddots & \ddots & \vdots\\ & & & \ddots & t\\ 0 & & & & 1\end{bmatrix}\boldsymbol{P}^{-1}$$

(4) 化 $\mathrm{e}^{\boldsymbol{A}t}$ 为 $\boldsymbol{A}$ 的有限项法。

$$\mathrm{e}^{\boldsymbol{A}t}=\alpha_0(t)\boldsymbol{I}+\alpha_1(t)\boldsymbol{A}+\cdots+\alpha_{n-1}(t)\boldsymbol{A}^{n-1}$$

① 当矩阵 $\boldsymbol{A}$ 的特征值 $\lambda_1,\lambda_2,\cdots,\lambda_n$ 为两两互异时,$\alpha_0(t),\alpha_1(t),\cdots,\alpha_{n-1}(t)$ 可按下式

计算，即

$$\begin{bmatrix}\alpha_0(t)\\ \alpha_1(t)\\ \vdots\\ \alpha_{n-1}(t)\end{bmatrix}=\begin{bmatrix}1 & \lambda_1 & \cdots & \lambda_1^{n-1}\\ 1 & \lambda_2 & \cdots & \lambda_2^{n-1}\\ \vdots & \vdots & \ddots & \vdots\\ 1 & \lambda_n & \cdots & \lambda_n^{n-1}\end{bmatrix}\begin{bmatrix}e^{\lambda_1 t}\\ e^{\lambda_2 t}\\ \vdots\\ e^{\lambda_n t}\end{bmatrix}$$

② 当矩阵 $\boldsymbol{A}$ 包含重特征值时，如果其特征值为 λ_1（三重），λ_2（二重），$\lambda_3,\cdots,\lambda_{n-3}$，则 $\alpha_0(t),\alpha_1(t),\cdots,\alpha_{n-1}(t)$ 可按下式计算，即

$$\begin{bmatrix}\alpha_0(t)\\ \alpha_1(t)\\ \alpha_2(t)\\ \alpha_3(t)\\ \alpha_4(t)\\ \alpha_5(t)\\ \vdots\\ \alpha_{n-1}(t)\end{bmatrix}=\begin{bmatrix}0 & 0 & 1 & 3\lambda_1 & \cdots & \frac{(n-1)(n-2)}{2!}\lambda_1^{n-3}\\ 0 & 1 & 2\lambda_1 & 3\lambda_1^2 & \cdots & \frac{(n-1)}{1!}\lambda_1^{n-2}\\ 1 & \lambda_1 & \lambda_1^2 & \lambda_1^3 & \cdots & \lambda_1^{n-1}\\ \hdashline 0 & 1 & 2\lambda_2 & 3\lambda_2^2 & \cdots & \frac{(n-1)}{1!}\lambda_2^{n-2}\\ 1 & \lambda_2 & \lambda_2^2 & \lambda_2^3 & \cdots & \lambda_2^{n-1}\\ \hdashline 1 & \lambda_3 & \lambda_3^2 & \lambda_3^3 & \cdots & \lambda_3^{n-1}\\ \vdots & \vdots & \vdots & \vdots & \cdots & \vdots\\ 1 & \lambda_{n-3} & \lambda_{n-3}^2 & \lambda_{n-3}^3 & \cdots & \lambda_{n-3}^{n-1}\end{bmatrix}\begin{bmatrix}\frac{1}{2!}t^2 e^{\lambda_1 t}\\ \frac{1}{1!}te^{\lambda_1 t}\\ e^{\lambda_1 t}\\ \hdashline \frac{1}{1!}te^{\lambda_2 t}\\ e^{\lambda_2 t}\\ \hdashline e^{\lambda_3 t}\\ \vdots\\ e^{\lambda_{n-3} t}\end{bmatrix}$$

1.3.6 状态向量的线性变换

对于给定的线性定常系统，选取不同的状态变量，便会有不同的状态空间表达式。任意选取的两个状态向量 $\boldsymbol{x}$ 和 $\bar{\boldsymbol{x}}$ 之间实际上存在线性非奇异变换（又称坐标变换）关系，即

$$-\boldsymbol{x}=\boldsymbol{P}\bar{\boldsymbol{x}} \quad 或 \quad \bar{\boldsymbol{x}}=\boldsymbol{P}^{-1}\boldsymbol{x}$$

式中：$\boldsymbol{P}\in\mathbf{R}^{n\times n}$ 为线性非奇异变换矩阵，$\boldsymbol{P}^{-1}$ 为 $\boldsymbol{P}$ 的逆矩阵。记作

$$\boldsymbol{P}=\begin{bmatrix}p_{11} & p_{12} & \cdots & p_{1n}\\ p_{21} & p_{22} & \cdots & p_{2n}\\ \vdots & \vdots & & \vdots\\ p_{n1} & p_{n2} & \cdots & p_{nn}\end{bmatrix}$$

于是有以下线性方程组：

$$\begin{cases} x_1 = p_{11}\bar{x}_1 + p_{12}\bar{x}_2 + \cdots + p_{1n}\bar{x}_n \\ x_2 = p_{21}\bar{x}_1 + p_{22}\bar{x}_2 + \cdots + p_{2n}\bar{x}_n \\ \quad\vdots \\ x_n = p_{n1}\bar{x}_1 + p_{n2}\bar{x}_2 + \cdots + p_{nn}\bar{x}_n \end{cases}$$

$\bar{x}_1,\bar{x}_2,\cdots,\bar{x}_n$ 的线性组合就是 $x_1,x_2,\cdots,x_n$，并且这种组合具有唯一的对应关系。由此可见，尽管状态变量的选择不同，但状态变量 x 和 $\bar{x}$ 均能完全描述同一系统的行为。

状态变量 x 和 $\bar{x}$ 的变换，称为状态的线性变换或等价变换，其实质是状态空间的基底变换，也是一种坐标变换，即状态变量 x 在标准基下的坐标为 $[x_1,x_2,\cdots,x_n]^{\mathrm{T}}$，而在另一组基底 $\boldsymbol{P}=[p_1,p_2,\cdots,p_n]^{\mathrm{T}}$ 下的坐标为 $[\bar{x}_1,\bar{x}_2,\cdots,\bar{x}_n]^{\mathrm{T}}$。

由于线性变换矩阵 $\boldsymbol{P}$ 是非奇异的，因此，状态空间表达式中的系统矩阵 $\boldsymbol{A}$ 与 $\bar{\boldsymbol{A}}$ 是相似矩阵，具有相同的基本特性：行列式相同、秩相同、特征多项式相同以及特征值相同等。

1.3.7 系统特征值与特征向量

1. 系统特征值与特征向量的定义

对于线性定常系统，

$$\begin{cases} \dot{\boldsymbol{x}} = \boldsymbol{A}\boldsymbol{x} + \boldsymbol{B}\boldsymbol{u} \\ \boldsymbol{y} = \boldsymbol{C}\boldsymbol{x} + \boldsymbol{D}\boldsymbol{u} \end{cases}$$

则

$$|\lambda \boldsymbol{I} - \boldsymbol{A}| = \det(\lambda \boldsymbol{I} - \boldsymbol{A}) = \lambda^n + a_{n-1}\lambda^{n-1} + \cdots + a_1\lambda^n + a_0$$

称为系统的特征多项式，令其等于零，即得到系统的特征方程

$$|\lambda \boldsymbol{I} - \boldsymbol{A}| = \lambda^n + a_{n-1}\lambda^{n-1} + \cdots + a_1\lambda^n + a_0 = 0$$

式中：$\boldsymbol{A}\in \mathbf{R}^{n\times n}$ 为系统矩阵；特征方程的根 $\lambda_i(i=1,2,\cdots,n)$ 称为系统的特征值。

设 $\lambda_i(i=1,2,\cdots,n)$ 为系统的一个特征值，若存在一个 n 维非零向量 $\boldsymbol{p}_i$，满足

$$\boldsymbol{A}\boldsymbol{p}_i = \lambda_i \boldsymbol{p}_i \quad 或 \quad (\boldsymbol{A} - \lambda_i \boldsymbol{I})\boldsymbol{p}_i = \boldsymbol{0}$$

则称 $\boldsymbol{p}_i$ 为系统对应于特征值 λ_i 的特征向量。

2. 系统特征值的不变性

系统经线性非奇异变换后，其特征多项式不变，特征值也不变。

证明：对于线性定常系统：

$$\begin{cases} \dot{\boldsymbol{x}} = \boldsymbol{A}\boldsymbol{x} + \boldsymbol{B}\boldsymbol{u} \\ \boldsymbol{y} = \boldsymbol{C}\boldsymbol{x} + \boldsymbol{D}\boldsymbol{u} \end{cases}$$

系统线性变换为

$$\boldsymbol{x}=\boldsymbol{P}\bar{\boldsymbol{x}}$$

式中：$\boldsymbol{P}\in \mathbf{R}^{n\times n}$为线性非奇异变换矩阵。

线性变换后系统的特征多项式为

$$\begin{aligned}|\lambda\boldsymbol{I}-\bar{\boldsymbol{A}}|&=|\lambda\boldsymbol{I}-\boldsymbol{P}^{-1}\boldsymbol{A}\boldsymbol{P}|=|\boldsymbol{P}^{-1}\lambda\boldsymbol{P}-\boldsymbol{P}^{-1}\boldsymbol{A}\boldsymbol{P}|\\&=|\boldsymbol{P}^{-1}(\lambda\boldsymbol{I}-\boldsymbol{A})\boldsymbol{P}|=|\boldsymbol{P}^{-1}||\lambda\boldsymbol{I}-\boldsymbol{A}||\boldsymbol{P}|\\&=|\lambda\boldsymbol{I}-\boldsymbol{A}|\end{aligned}$$

上式表明，系统线性非奇异变换前后的特征多项式、特征值保持不变。

第2章

自动控制的基础理论

本章主要是将控制理论中涉及实验的基本理论、重难点知识加以总结和归纳，方便读者在做实验时查阅。本章对所进行的总结和引用略去了推导过程和相应的证明过程，以避免烦琐。

2.1 控制系统的一般概念

2.1.1 自动控制系统中的概念描述

自动控制：在没有人员参与的情况下，利用控制装置使被控对象或被控过程自动地按预定规律运行。

自动控制系统：能够对被控对象的工作状态进行自动控制的系统，一般由控制器和控制对象组成。

被控对象：被控设备和物体，或者被控过程。

被控量：被控对象的输出量。

系统：能按设计要求完成一定任务的一些元件或部件的有机组合。

扰动：对系统的输出产生不利影响的信号。

2.1.2　自动控制系统的分类

自动控制系统按控制方式可分为以下三种。

1. 开环控制系统

如果系统的输出量与输入量之间不存在反馈通道，即控制系统的输出量对系统没有控制作用，则这种系统称为开环控制系统。在开环控制系统中，不需要对输出量进行测量，也不需要将输出量反馈到系统输入端，并与输入量进行比较。

2. 闭环控制系统

如果系统的输出量与输入量之间存在反馈通道，即控制系统的输出量直接或间接地反馈到系统的输入端，形成闭环，并对系统有控制作用，这种系统称为闭环控制系统。

闭环控制系统使用元件较多且结构复杂，有反馈作用。闭环控制系统具有偏差控制能力，可以抑制内扰和外扰对被控量产生的影响，且其控制精度高、系统结构复杂、工程设计和分析比较复杂。

3. 复合控制系统

复合控制系统是将按偏差控制与按扰动控制结合起来，对于主要扰动，采用适当补偿手段实现扰动控制；同时将组成反馈控制系统实现按偏差控制，以消除其余扰动产生的偏差。

2.1.3　自动控制系统的基本要求

自动控制系统的基本要求可以归纳为三个字：稳、准、快。

(1) 稳指的是稳定性。稳定性是对控制系统的基本要求，不稳定的系统不能实现预定任务。稳定性通常由系统的结构决定，而与外界因素无关。

(2) 准指的是准确性。用稳态误差来表示。在参考输入信号的作用下，当系统达到稳态后，其稳态输出与参考输入所要求的期望输出之差称为稳态误差。误差越小，表示系统的输出跟随参考输入的精度越高。

(3) 快指的是快速性，是对过渡过程的形式和快慢提出的要求，一般称为动态性能。它要求被控量能快速按照输入信号所规定的形式变化，即要求系统有一定的响应速度。

在同一个系统中，上述三方面的性能要求通常是相互制约的。在工程设计过程中，系统动态响应的快速性、准确性与稳定性之间的相互制约需要综合考虑。

2.2 控制系统的数学建模

2.2.1 传递函数

传递函数是经典控制理论的数学模型之一。传递函数不但可以反映系统输入/输出之间的动态特性，而且可以反映系统结构和参数对输出的影响。经典控制理论的两大分支——频率法和根轨迹法就是建立在传递函数的基础之上，传递函数是经典控制理论中非常重要的函数。

在线性定常系统中，当初始条件为零时，系统输出的拉氏变换与输入的拉氏变换之比，称为系统的传递函数。

由控制系统的微分方程可以很容易地求出系统的传递函数。

已知线性定常系统的微分方程具有如下的一般形式：

$$a_n \frac{\mathrm{d}^n c(t)}{\mathrm{d}t^n} + a_{n-1} \frac{\mathrm{d}^{n-1} c(t)}{\mathrm{d}t^{n-1}} + \cdots + a_0 c(t)$$

$$= b_m \frac{\mathrm{d}^m c(t)}{\mathrm{d}t^m} + \cdots + b_0 r(t)$$

式中：$c(t)$为系统的输出；$r(t)$为系统的输入；$a_i(i=1,2,\cdots,n)$和$b_j(j=1,2,\cdots,m)$是与系统结构和参数有关的系数。

在零初始条件下求拉氏变换，得

$$a_n s^n C(s) + a_{n-1} s^{n-1} C(s) + \cdots + a_0 C(s) = b_m s^m R(s) + \cdots + b_0 R(s)$$

由定义可得系统的传递函数为

$$G(s) = \frac{C(s)}{R(s)} = \frac{b_m s^m + b_{m-1} s^{m-1} + \cdots + b_0}{a_n s^n + a_{n-1} s^{n-1} + \cdots + a_0}$$

2.2.2 典型环节及其传递函数

自动控制系统的典型环节有比例环节、惯性环节、积分环节、微分环节、一阶微分环节、滞后环节、振荡环节和二阶微分环节等。

1. 比例环节

输出量与输入量成正比的环节称为比例环节，亦称放大环节。其数学模型为

$$c(t)=Kr(t)$$

式中：K 为比例环节的放大系数。

在零初始条件下对上式取拉氏变换，可得比例环节传递函数为

$$G(s)=\frac{C(s)}{R(s)}=K$$

比例环节的结构图如图 2-1 所示。图 2-2 所示为以运算放大器为核心的电路实现比例环节的电路图。

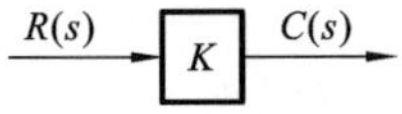

$R(s)$　K　$C(s)$

图 2-1　比例环节结构图

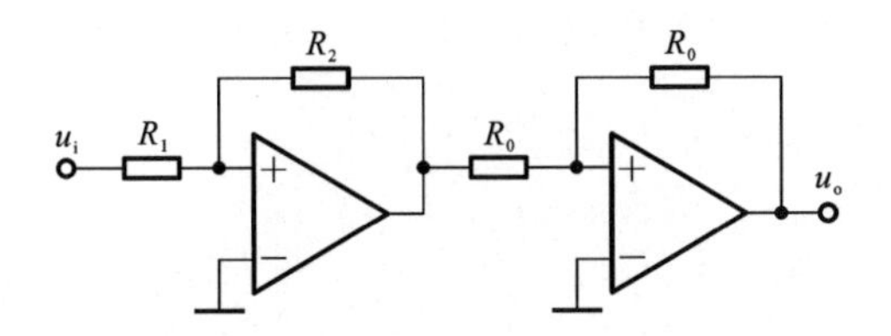

图 2-2　比例环节的电路图

根据运算放大器的特点，有

$$\frac{U_o(s)}{U_i(s)}=\frac{R_2}{R_1}=K$$

其中 K 为比例环节的放大系数，图 2-2 中后一个单元为反相器，当放大系数 $K=1$ 时，电路中的参数取 $R_1=R_2$。当放大系数 $K=2$ 时，电路中的参数取 $2R_1=R_2$。

2. 惯性环节

惯性环节又称非周期性环节，惯性环节的微分方程为

$$T\frac{\mathrm{d}c(t)}{\mathrm{d}t}+c(t)=r(t)$$

式中：T 为惯性环节的时间常数。

因此，可得惯性环节的传递函数为

$$G(s)=\frac{C(s)}{R(s)}=\frac{1}{Ts+1}$$

惯性环节的结构图如图 2-3 所示。图 2-4 所示为以运算放大器为核心的惯性环节的电路图。

在图 2-4 中，由于电流相等，所以传递函数为

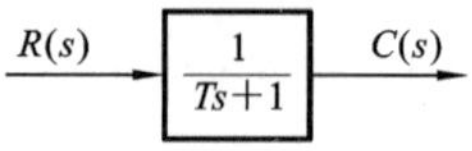

$R(s)$ → $\frac{1}{Ts+1}$ → $C(s)$

图 2-3　惯性环节结构图

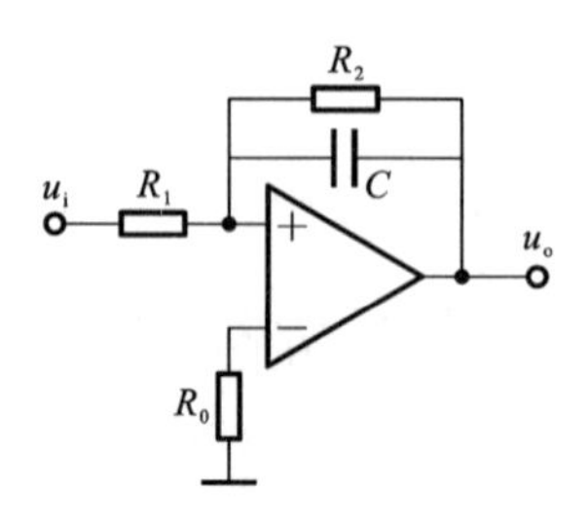

图 2-4　惯性环节的电路图

$$\frac{U_o(s)}{U_i(s)}=-\frac{R_2}{R_1}\cdot\frac{1}{R_2Cs+1}=\frac{K}{Ts+1}$$

其中：$K=-\frac{R_2}{R_1}$为惯性环节的放大系数；$T=R_2C$ 为惯性环节的时间常数。

3. 积分环节

积分环节的微分方程为

$$c(t)=\int r(t)\mathrm{d}t$$

可得其传递函数为

$$G(s)=\frac{C(s)}{R(s)}=\frac{1}{s}$$

积分环节的结构图如图 2-5 所示。图 2-6 所示为以运算放大器为核心的积分环节的电路图。

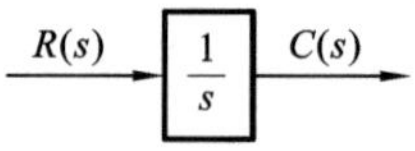

$R(s)$ → $\frac{1}{s}$ → $C(s)$

图 2-5　积分环节结构图

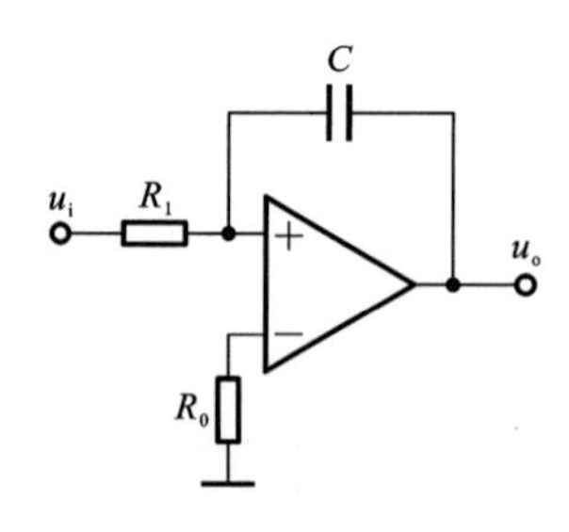

图 2-6　积分环节的电路图

如图 2-6 所示，该环节的传递函数为

$$\frac{U_o(s)}{U_i(s)}=-\frac{1}{R_1Cs}=-\frac{1}{Ts}$$

其中：$T=R_1C$ 为积分环节的时间常数，其物理意义是积分器输出量增长到与输入量相等时所需要的时间。

4. 微分环节

微分环节的输出量与输入量的变化率成正比，其数学模型为 $c(t)=\frac{\mathrm{d}r(t)}{\mathrm{d}t}$，两边取拉氏变换，得理想微分环节的传递函数为

$$G(s)=\frac{C(s)}{R(s)}=s$$

微分环节的电路图如图 2-7 所示。

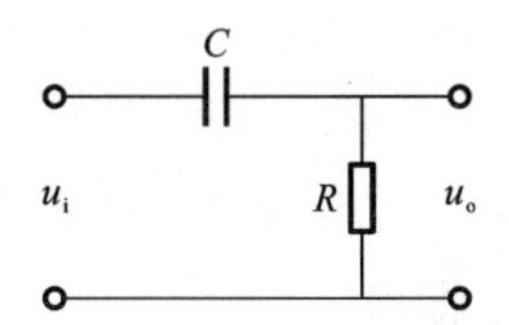

图 2-7　微分环节的电路图

5. 振荡环节

振荡环节中含有两个储能元件，当输入量发生变化时，两种储能元件的能量相互交换。RLC 网络就是一个振荡环节，其微分方程为

$$T^2\frac{\mathrm{d}^2u_c(t)}{\mathrm{d}t^2}+2\zeta T\frac{\mathrm{d}u_c(t)}{\mathrm{d}t}+u_c(t)=u_r(t)$$

方程两边取拉氏变换，得振荡环节的传递函数为

$$G(s)=\frac{U_c(s)}{U_r(s)}=\frac{1}{T^2s^2+2\zeta Ts+1}$$

式中：T 为振荡周期；ζ 为阻尼比。

6. 一阶微分环节

一阶微分环节的微分方程和传递函数分别为

$$c(t)=T\frac{\mathrm{d}r(t)}{\mathrm{d}t}+r(t)$$

$$G(s)=\frac{C(s)}{R(s)}=Ts+1$$

7. 二阶微分环节

二阶微分环节的微分方程为

$$c(t)=T^{2}\frac{\mathrm{d}^{2}r(t)}{\mathrm{d}t^{2}}+2\zeta T\frac{\mathrm{d}r(t)}{\mathrm{d}c(t)}+r(t)$$

式中：T 与 ζ 表示该环节的微分特性，其中 ζ 并不具有振荡环节阻尼系数那样的物理意义。

2.2.3 信号流图

1. 信号流图的组成

信号流图主要由两部分组成：节点和支路。节点表示系统中的变量或信号，用小圆圈表示；支路是连接两个节点的有向线段。支路上的箭头表示信号传递的方向，支路的增益(传递函数)标在支路上。支路相当于乘法器，信号流经支路后，被乘以支路增益而变为另一信号。支路增益为 1 时不标出。

2. 梅森公式

有时候绘制出的信号流图不是最简单的，还需要化简，信号流图的化简方法与结构图的化简方法相同，这里不再介绍。对于复杂的系统，无论是利用结构图化简法还是利用信号流图化简法求传递函数都是很费时的。如果只是求系统的传递函数，利用梅森公式更方便，它不需要对结构图或信号流图进行任何变换，就可写出传递函数。

梅森公式的一般形式为

$$G(s)=\frac{1}{\Delta}\sum_{k=1}^{n}P_{k}\Delta_{k}$$

式中：Δ 为特征式，且

$$\Delta=1-\sum L_{\mathrm{a}}+\sum L_{\mathrm{b}}L_{\mathrm{e}}-\sum L_{\mathrm{d}}L_{\mathrm{e}}L_{\mathrm{f}}+\cdots$$

n 为前向通道的个数；P_k 为从输入节点到输出节点的第 k 条前向通道的增益；Δ_k 为余因式，是把与第 k 条前向通道相接触的回路增益去掉以后的 Δ 值；$\sum L_{\mathrm{a}}$ 为所有单回路的增益之和；$\sum L_{\mathrm{b}}L_{\mathrm{e}}$ 为所有两两互不接触的回路增益乘积之和；$\sum L_{\mathrm{d}}L_{\mathrm{e}}L_{\mathrm{f}}$ 为所有三个互不接触的回路增益乘积之和。

2.3 控制系统的性能指标分析

2.3.1 二阶系统的时域响应

1. 二阶系统的数学模型

当系统输出与输入之间的特性由二阶微分方程描述时，称为二阶系统，也称二阶振荡环节。它在控制工程中应用极为广泛，如 RLC 网络、电枢电压控制的直流电动机转速系统等。此外，在一定条件下，许多高阶系统常常可以近似作为二阶系统来研究。

典型二阶系统的闭环传递函数为

$$\frac{C(s)}{R(s)}=\frac{\omega_n^2}{s^2+2\zeta\omega_n s+\omega_n^2}$$

或

$$\frac{C(s)}{R(s)}=\frac{1}{T^2s^2+2\zeta Ts+1}$$

式中：ζ 为系统的阻尼比；ω_n 为系统的无阻尼自然振荡角频率；$T=1/\omega_n$ 为系统的振荡周期。这样，二阶系统的过渡过程就可以用 ζ 和 ω_n 这两个参数来描述。

因此，得到系统的特征方程为

$$D(s)=s^2+2\zeta\omega_n s+\omega_n^2=0$$

由上式解得二阶系统的特征根（即闭环极点）为

$$s_{1,2}=-\zeta\omega_n\pm\omega_n\sqrt{\zeta^2-1}$$

由上式可以发现，随着阻尼比 ζ 取值的不同，二阶系统的特征根（闭环极点）也不同，系统特征也不同。分别分析系统在单位阶跃函数、速度函数及脉冲函数作用下二阶系统的过渡过程，假设系统的初始条件都为零。

2. 欠阻尼二阶系统的单位阶跃响应

令 $r(t)=1(t)$，则有 $R(s)=1/s$，得二阶系统在单位阶跃函数作用下输出信号的拉氏变换为

$$C(s)=\frac{\omega_n^2}{s^2+2\zeta\omega_n s+\omega_n^2}\cdot\frac{1}{s}$$

对上式进行拉氏反变换，可得二阶系统在单位阶跃函数作用下的过渡过程，即

$$h(t)=\mathscr{L}^{-1}[C(s)]$$

当 $0<\zeta<1$ 时，两个特征根分别为

$$s_{1,2}=-\zeta\omega_n \pm j\omega_n\sqrt{1-\zeta^2}$$

它们是一对共轭复数根，称为欠临界阻尼状态。

此时，对式

$$C(s)=\frac{\omega_n^2}{s^2+2\zeta\omega_n s+\omega_n^2}\cdot\frac{1}{s}$$

进行拉氏反变换，得

$$h(t)=1-\frac{e^{-\varphi\omega_n t}}{\sqrt{1-\zeta^2}}(\sqrt{1-\zeta^2}\cos\omega_d t-\zeta\sin\omega_d t)$$

$$=1-\frac{e^{-\zeta\omega_n t}}{\sqrt{1-\zeta^2}}\sin(\omega_d t+\varphi)\quad (t\geqslant 0)$$

由此可见，欠阻尼（$0<\zeta<1$）状态对应的过渡过程为衰减的正弦振荡过程。系统响应由稳态分量和瞬态分量两部分组成，稳态分量为1，瞬态分量是一个随时间增长而衰减的振荡过程。其衰减速度取决于 $\zeta\omega_n$ 值的大小，其衰减振荡的频率便是有阻尼自振角频率 ω_d，相应的衰减振荡周期为 $T_d=\frac{2\pi}{\omega_d}=\frac{2\pi}{\omega_n\sqrt{1-\zeta^2}}$。

综上可以看出频率 ω_n 和 ω_d 的鲜明物理意义。ω_n 是当 $\zeta=0$ 时，二阶系统过渡过程为等幅正弦振荡时的角频率，称为无阻尼自振角频率。ω_d 是欠阻尼（$0<\zeta<1$）时，二阶系统过渡过程为衰减正弦振荡时的角频率，称为有阻尼自振角频率，而 $\omega_d=\omega_n\sqrt{1-\zeta^2}$，显然 $\omega_d<\omega_n$，且随着 ζ 的值增大，ω_d 的值将减小。

2.3.2 欠阻尼二阶系统的时域响应的性能指标

（1）上升时间 t_r：

$$t_r=\frac{\pi-\varphi}{\omega_d}=\frac{\pi-\varphi}{\omega_n\sqrt{1-\zeta^2}}$$

（2）峰值时间 t_p：

$$t_p=\frac{\pi}{\omega_d}=\frac{\pi}{\omega_n\sqrt{1-\zeta^2}}$$

（3）超调量 $\delta\%$：

$$\delta\%=\frac{h(t_p)-h(\infty)}{h(\infty)}=e^{-\zeta\omega_n t_p}\times 100\%=e^{-\zeta\pi/\sqrt{1-\zeta^2}}\times 100\%$$

由上式可知，超调量 $\delta\%$ 只与阻尼比 ζ 有关，且成反比。

(4) 过渡过程时间(调节时间)t_s:欠阻尼二阶系统的单位阶跃响应的幅值为随时间衰减的振荡过程,其过渡过程曲线是包含在一对包络线之间的振荡曲线。包络线方程为

$$c(t)=1\pm\frac{e^{-\zeta\omega_n t}}{\sqrt{1-\zeta^2}}$$

包络线按指数规律衰减,衰减的时间常数为$1/\zeta\omega_n$。

由过渡过程时间t_s的定义可知,t_s是过渡过程曲线永远保持在规定的允许误差($\Delta=2\%$或$\Delta=5\%$)范围内,进入允许误差范围所对应的时间,可近似认为Δ就是包络线衰减到区域所需的时间,则有

$$\frac{e^{-\zeta\omega_n t_s}}{\sqrt{1-\zeta^2}}=\Delta$$

解得

$$t_s=\frac{1}{\zeta\omega_n}\left(\ln\frac{1}{\Delta}+\ln\frac{1}{\sqrt{1-\zeta^2}}\right)$$

若取$\Delta=5\%$,并忽略$\ln\frac{1}{\sqrt{1-\zeta^2}}(0<\zeta<0.9)$项,则得$t_s\approx\frac{3}{\zeta\omega_n}$;

若取$\Delta=2\%$,并忽略$\ln\frac{1}{\sqrt{1-\zeta^2}}$项,则得$t_s\approx\frac{4}{\zeta\omega_n}$。

从上可以看出,上升时间t_r、峰值时间t_p、过渡过程时间t_s均与阻尼比ζ和无阻尼自振角频率ω_n有关,而超调量$\delta\%$只是阻尼比ζ的函数,与ω_n无关。当二阶系统的阻尼比确定后,即可求得所对应的超调量。反之,如果给出超调量的要求值,也可求出相应的阻尼比的数值。

(5) 振荡次数N:根据振荡次数的定义,有

$$N=\frac{t_s}{t_d}=\frac{t_s}{2\pi/\omega_d}=\frac{\omega_n t_s\sqrt{1-\zeta^2}}{2\pi}$$

当$\Delta=5\%$时,有$N=\frac{1.5\sqrt{1-\zeta^2}}{\pi\zeta}$;当$\Delta=2\%$时,有$N=\frac{2\sqrt{1-\zeta^2}}{\pi\zeta}$。若已知$\delta\%$,由$\delta\%=e^{-\zeta\pi/\sqrt{1-\zeta^2}}$,有$\ln(\delta\%)=-\frac{\pi\zeta}{\sqrt{1-\zeta^2}}$,求得振荡次数$N$与超调量$\delta\%$的关系为$N=\frac{-1.5}{\ln(\delta\%)}(\Delta=5\%)$,$N=\frac{-2}{\ln(\delta\%)}(\Delta=2\%)$。

由前面的分析和计算可知,阻尼比ζ和无阻尼自振角频率ω_n决定了系统的单位阶跃响应特性,特别是阻尼比ζ的取值确定了响应曲线的形状。二阶系统在不同的阻尼比时的单位阶跃响应如下。

(1) 阻尼比ζ越大,超调量越小,响应的稳定性越好。反之。阻尼比ζ越小,振荡越强,稳定性越差。当$\zeta=0$时,系统为具有频率为ω_n的等幅振荡。

(2) 过阻尼状态下,系统响应迟缓,过渡过程时间长,系统快速性差;ζ过小,响应的

起始速度快，但因振荡强烈，衰减缓慢，所以过渡过程时间 t_s 长，快速性差。

(3) 当 $\zeta=0.707$ 时，系统的超调量 $\delta\%<5\%$，过渡过程时间 t_s 也最短，即稳定性和快速性最佳，故称 $\zeta=0.707$ 为最佳阻尼比。

(4) 当阻尼比 ζ 保持不变时，ω_n 越大，过渡过程时间 t_s 越短，快速性越好。

(5) 系统的超调量 $\delta\%$ 和振荡次数 N 仅由阻尼比 ζ 决定，它们反映了系统的稳定性。

(6) 实际工程中，二阶系统多数设计成 $0<\zeta<1$ 的欠阻尼情况，且范围常在(0.4～0.8)之间。

二阶系统参数与闭环极点的关系如表 2-1 所示。

表 2-1　二阶系统参数与闭环极点的关系

阻尼系数	特征方程的根	根在复平面上的位置	单位阶跃响应
$\zeta>1$ (过阻尼)	$s_{1,2}=-\zeta\omega_n\pm\omega_n\sqrt{\zeta^2-1}$	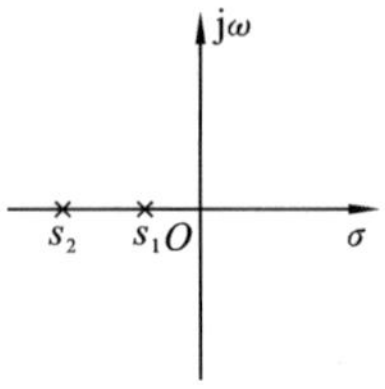 jω, s_2, s_1, O, σ	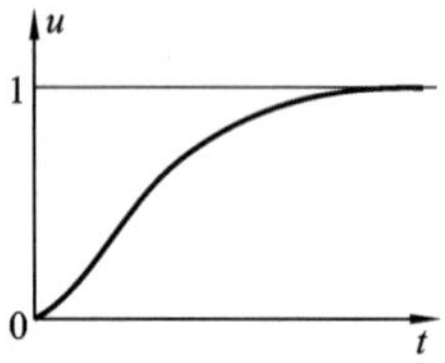 u, 1, 0, t
$\zeta=1$ (临界阻尼)	$s_{1,2}=-\zeta\omega_n$	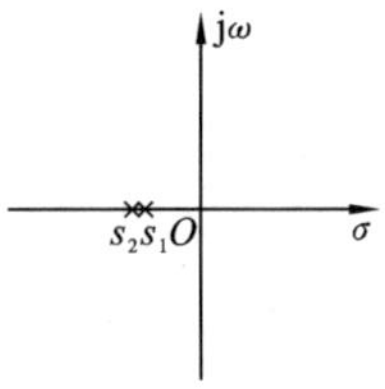 jω, $s_2 s_1$, O, σ	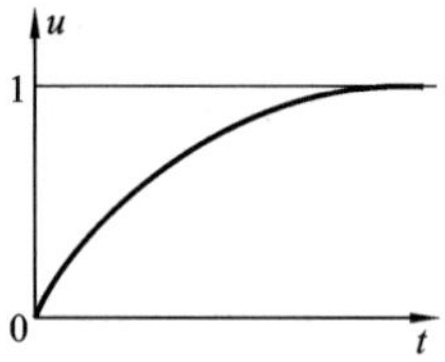 u, 1, 0, t
$0<\zeta<1$ (欠阻尼)	$s_{1,2}=-\zeta\omega_n\pm j\omega_n\sqrt{1-\zeta^2}$	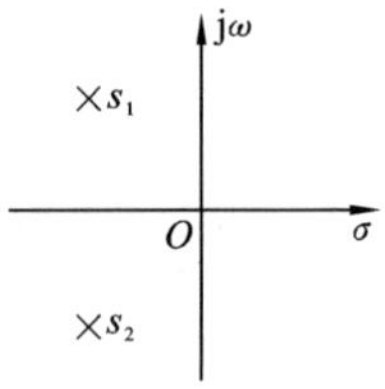 jω, s_1, O, σ, s_2	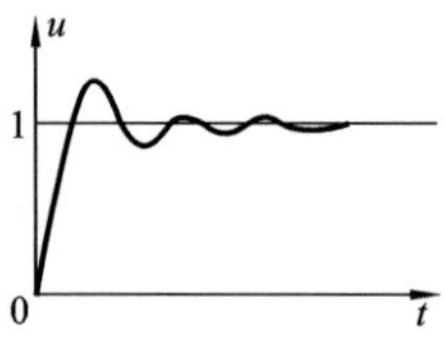 u, 1, 0, t
$\zeta=0$ (无阻尼)	$s_{1,2}=\pm j\omega$	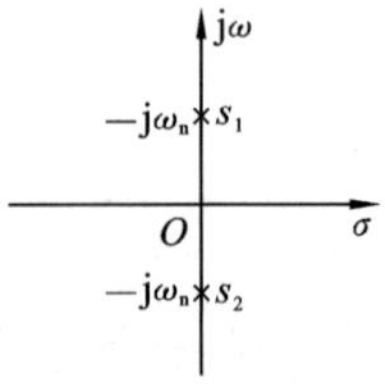 jω, $-j\omega_n$ s_1, O, σ, $-j\omega_n$ s_2	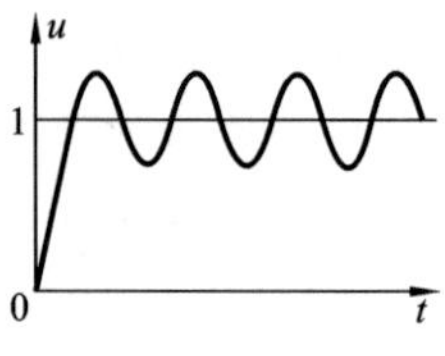 u, 1, 0, t

在控制工程中，绝大多数系统都是用高阶微分方程描述的，对于不能用二阶系统描述的高阶系统，其动态性能指标的确定是比较复杂的。工程上通常采用闭环主导极点的概念对高阶系统进行近似分析。

2.3.3　高阶系统的分析

控制系统传递函数的一般形式为

$$\Phi(s)=\frac{G(s)}{1+G(s)H(s)}=\frac{b_0s^m+b_1s^{m-1}+b_2s^{m-2}+\cdots+b_{m-1}s+b_m}{a_0s^n+a_1s^{n-1}+a_2s^{n-2}+\cdots+a_{n-1}s+a_n}$$

$$=\frac{K\prod_{i=1}^{m}(s-Z_i)}{\prod_{j=1}^{n}(s-P_j)}\quad(n\geqslant m)$$

式中：$K=b_0/a_0$。

将 $M(s)=K\prod_{i=1}^{m}(s-Z_i)=0$ 的根称为系统闭环零点，$D(s)=\prod_{j=1}^{n}(s-P_j)=0$ 的根称为系统闭环极点，因为 $M(s)$ 和 $D(s)$ 都是实系数多项式，所以系统的零点、极点只能是实数或共轭复数，系统要稳定，这些零点、极点就要具有负实部，即位于 s 平面的左半平面。在实际控制系统中，闭环零点、极点通常都不相同，当输入单位阶跃信号时，系统响应的拉氏变换为

$$U_o(s)=\frac{K\prod_{i=1}^{m}(s-Z_i)}{\prod_{j=1}^{q}(s-P_j)\prod_{h=1}^{r}(s^2+2\xi_h\omega_hs+\omega_h^2)}\times\frac{1}{s}$$

式中：$h=q+2r$，q 是实数极点的个数，$2r$ 是共轭极点的个数。

设 $1>\xi_h>0$，将式 $U_o(s)=\frac{K\prod_{i=1}^{m}(s-Z_i)}{\prod_{j=1}^{q}(s-P_j)\prod_{h=1}^{r}(s^2+2\xi_h\omega_hs+\omega_h^2)}\times\frac{1}{s}$ 展开成部分分式

$$U_o(s)=\frac{A_0}{s}+\sum_{j=1}^{q}\frac{A_j}{s-P_j}+\sum_{h=1}^{r}\frac{B_hs+C_h}{(s^2+2\xi_h\omega_hs+\omega_h^2)}$$

式中：$A_0=\lim\limits_{s\to0}sU_o(s)=\frac{b_m}{a_n}$；$A_j=\lim\limits_{s\to s_j}sU_o(s)$，$j=1,2,\cdots,q$；$B_h$ 和 C_h 是与 $U_o(s)$在闭环共轭复数极点处的留数有关的常系数。

在零初始条件下，对式

$$U_o(s)=\frac{A_0}{s}+\sum_{j=1}^{q}\frac{A_j}{s-P_j}+\sum_{h=1}^{r}\frac{B_h s+C_h}{(s^2+2\xi_h\omega_h s+\omega_h^2)}$$

求拉氏反变换，得

$$U_o(t)=A_0+\sum_{j=1}^{q}A_j e^{P_j t}+\sum_{h=1}^{r}B_h e^{-\xi_h\omega_h t}\cos(\omega_h\sqrt{1-\xi_h^2})t$$
$$+\sum_{h=1}^{r}\frac{C_h-B_h\xi_h\omega_h}{\omega_h\sqrt{1-\xi_h^2}}e^{-\xi_h\omega_h t}\sin(\omega_h\sqrt{1-\xi_h^2})t\quad(t\geqslant 0)$$

由式 $U_o(t)=A_0+\sum_{j=1}^{q}A_j e^{P_j t}+\sum_{h=1}^{r}B_h e^{-\xi_h\omega_h t}\cos(\omega_h\sqrt{1-\xi_h^2})t$ 可知，高阶系统的单位阶跃响应是由一阶系统和二阶系统的时间响应函数项组成的，因为所有闭环极点都有负实部，所以，随着 $t\to\infty$，系统输出响应的指数项和阻尼正弦(余弦)项都将趋于零，高阶系统是稳定的，稳态值为 A_0。

对于稳定的高阶系统来说，其闭环极点和零点在左半 s 平面上有各种分布模式，而极点离实轴的距离决定了该极点对应的系统输出的衰减快慢。

(1) 闭环极点 s_i 在 s 平面的左右分布(实部)决定过渡过程的终值。位于虚轴左边的闭环极点对应的暂态分量最终衰减到零，位于虚轴右边的闭环极点对应的暂态分量一定发散，位于虚轴(除原点)的闭环极点对应的暂态分量为等幅振荡。

(2) 闭环极点的虚实决定过渡过程是否振荡。s_i 位于实轴上时暂态分量为非周期运动(不振荡)，s_i 位于虚轴上时暂态分量为周期运动(振荡)。

(3) 闭环极点离虚轴的远近决定过渡过程衰减的快慢。s_i 位于虚轴左边时，离虚轴越远，过渡过程衰减得越快；离虚轴越近，过渡过程衰减得越慢。所以离虚轴最近的闭环极点“主宰”系统响应的时间最长，被称为主导极点。

一般地，若距离虚轴较远的闭环极点的实部与距离虚轴最近的闭环极点的实部的比值大于或等于5，且在距离虚轴最近的闭环极点附近不存在闭环零点，这个离虚轴最近的闭环极点将在系统的过渡过程中起主导作用，称为闭环主导极点。它常以一对共轭复数极点的形式出现。

应用闭环主导极点的概念，常可把高阶系统近似地看成具有一对共轭复数极点的二阶系统来研究。需要注意的是，将高阶系统化为具有一对闭环主导极点的二阶系统，是忽略非主导极点引起的过渡过程暂态分量，而不是忽略非主导极点本身，这样能简化对高阶系统过渡过程的分析，同时又力求准确地反映高阶系统的特性。

2.3.4 线性定常系统的稳定性

一个稳定的系统在受到扰动作用后，有可能会偏离原来的平衡状态。所谓稳定性，是指当扰动消除后，系统由初始偏差状态恢复到原平衡状态的性能。对于控制系统，假设其具有一个平衡状态，当系统受到有界扰动作用偏离了原平衡点，并扰动消除后，经过一段时间，系统又能逐渐回到原来的平衡状态，则称该系统是稳定的；否则，称这个系统是不稳定的。稳定性是控制系统自身的固有特性，它取决于系统本身的结构和参数，而与输入信号无关。

1. 线性定常系统稳定的充分必要条件

设线性系统的输出信号 $c(t)$ 拉氏变换式为

$$C(s)=\frac{M_{\mathrm{f}}(s)}{D(s)}=\frac{K(s-z_1)(s-z_2)\cdots(s-z_m)}{(s-p_1)(s-p_2)\cdots(s-p_n)}$$

式中：$D(s)=0$，称为系统的特征方程；$s=p_i(i=1,2,\cdots,n)$ 是 $D(s)=0$ 的根，称为系统的特征根。

欲满足 $c(t)=\sum_{i=1}^{n}c_i\mathrm{e}^{p_it}\ \lim\limits_{t\to\infty}(t)=0$ 的条件，必须使系统的特征根全部有负实部，即 $\mathrm{Re}p_i<0\ (i=1,2,\cdots,n)$。由此得出控制系统稳定的充分必要条件为：系统特征方程式的根的实部均小于零，或者系统的特征根均在根平面的左半平面。

系统特征方程式的根就是闭环极点，所以控制系统稳定的充分必要条件又可以说成是闭环传递函数的极点全部有负实部，或者闭环传递函数的极点全部在左半 s 平面。

2. 劳斯稳定判据

劳斯稳定判据（也称劳斯判据）是一种不用求解特征方程式的根，而直接根据特征方程式的系数就可判断控制系统是否稳定的间接方法。它不但能提供线性定常系统稳定性的信息，还能指出在 s 平面虚轴上和右半平面特征根的个数。

劳斯判据是基于方程式的根与系数的关系而建立的。设 n 阶系统的特征方程为

$$D(s)=a_0s^n+a_1s^{n-1}+a_2s^{n-2}+\cdots+a_{n-1}s+a_n=a_0(s-p_1)(s-p_2)\cdots(s-p_n)=0$$

式中：$p_1,p_2,\cdots,p_n$ 为系统的特征根。由根与系数的关系可知，欲使全部特征根 $p_1,p_2,\cdots,p_n$ 均有负实部（即系统稳定），就必须满足以下两个条件（必要条件）：

(1) 特征方程的各项系数 $a_0,a_1,\cdots,a_n$ 均不为零；

(2) 特征方程的各项系数的符号相同。

也就是说，系统稳定的必要条件是特征方程的所有系数 $a_0,a_1,\cdots,a_n$ 均大于零（或同号），而且也不缺项。

为了利用特征多项式判断系统的稳定性，将式 $D(s)$ 的系数排成下面的行和列，即为劳斯阵列表。其中，系数按下列公式计算。

$$b_1=-\frac{\begin{vmatrix}a_0 & a_2\\ a_1 & a_3\end{vmatrix}}{a_1},b_2=-\frac{\begin{vmatrix}a_0 & a_4\\ a_1 & a_5\end{vmatrix}}{a_1},b_3=-\frac{\begin{vmatrix}a_0 & a_6\\ a_1 & a_7\end{vmatrix}}{a_1},\cdots$$

$$c_1=-\frac{\begin{vmatrix}a_1 & a_3\\ b_1 & b_2\end{vmatrix}}{b_1},c_2=-\frac{\begin{vmatrix}a_1 & a_5\\ b_1 & b_3\end{vmatrix}}{b_1},c_3=-\frac{\begin{vmatrix}a_1 & a_7\\ b_1 & b_4\end{vmatrix}}{b_1},\cdots$$

这种过程一直进行到第 n 行被算完为止。

劳斯判据就是利用上述劳斯阵列来判断系统的稳定性。劳斯判据给出了控制系统稳定的充分条件:劳斯阵列表中第一列的所有元素均大于零。劳斯判据还表明,特征方程式 $D(s)$ 中实部为正的特征根的个数等于劳斯阵列表中第一列的元素符号改变的次数。

在使用劳斯稳定判据分析系统的稳定性时,有时会遇到下列两种特殊情况。

(1) 劳斯表中某一行的第一个元素为零,而该行其他元素并不全为零,则在计算下一行第一个元素时,该元素必将趋于无穷大,导致劳斯表的计算无法进行。

(2) 劳斯表中某一行的元素全为零。

上述两种情况,表明系统在 s 平面内存在正根,或者存在两个大小相等、符号相反的实根,或者存在两个共轭虚根,系统处在不稳定状态或临界稳定状态。

2.3.5 线性系统稳态误差

1. 误差定义

系统误差 $e(t)$ 一般定义为期望值与实际值之差,即

$$e(t)=\text{期望值}-\text{实际值}$$

2. 稳态误差定义

稳定系统误差的终值称为稳态误差。当时间 t 趋于无穷时,$e(t)$ 的极限存在,则稳态误差为

$$e_{ss}=\lim_{t\to\infty}e(t)$$

稳态误差不仅与系统自身的结构参数有关,而且与外作用的大小、形状和作用点有关。

3. 计算稳态误差的方法

(1) 一般方法:判断系统稳定性(对于稳定系统求 e_{ss} 才有意义);按误差定义求出系统误差传递函数 $\Phi_{er}(s)$ 或 $\Phi_{en}(s)$;利用终值定理计算稳态误差,即

$$e_{ss}=\lim_{s\to 0}sE(s)=\lim_{s\to 0}s[\Phi_{er}(s)R(s)+\Phi_{en}(s)N(s)]$$

(2) 静态误差系数法:判定系统稳定性;确定系统型别,求静态误差系数;在控制输入作用下,利用 e_{ss} 与系统型别、静态误差系数间的关系,用表 2-2 来确定 e_{ss} 值。

表 2-2　稳态误差与系统型别、静态误差系数的关系

系统型别	误差系数			阶跃输入 $r(t)=R\times 1(t)$	斜坡输入 $r(t)=Rt$	加速度输入 $r(t)=R\times\frac{1}{2}t^2$
	K_p	K_v	K_a	$e_{ss}=\frac{R}{1+K_p}$	$e_{ss}=\frac{R}{K_v}$	$e_{ss}=\frac{R}{K_a}$
0 型系统	K	0	0	$\frac{R}{1+K}$	∞	∞
Ⅰ型系统	∞	K	0	0	$\frac{R}{K}$	K
Ⅱ型系统	∞	∞	K	0	0	$\frac{R}{K}$

静态误差系数的应用条件有以下三个。

i. 只适用于控制输入 $r(t)$ 作用下的稳态误差计算，且 $r(t)$ 不存在前馈通道。

ii. 误差定义是按输入端定义的，即视偏差为误差。

iii. 适用于最小相位系统，即系统不存在右半 s 平面的开环零点或极点。

2.4　控制系统的根轨迹法

2.4.1　根轨迹方程

一般情况下，设控制系统的分子阶次为 m，分母阶次为 n 的系统开环传递函数 $G(s)H(s)$ 可表示为

$$G(s)H(s)=\frac{K(\tau_1 s+1)(\tau_2 s+1)\cdots(\tau_m s+1)}{s^v(T_1 s+1)(T_2 s+1)\cdots(T_n s+1)}$$

$$=\frac{K\prod_{j=1}^{m}(\tau_j s+1)}{s^v\prod_{i=1}^{n-v}(T_i s+1)}$$

式中：K 为系统开环增益（开环放大系数）；τ_j 和 T_i 为时间常数；v 为积分环节个数。

若将系统开环传递函数写成零点、极点的形式，则有

$$G(s)H(s)=K_g\frac{\prod_{j=1}^{m}(s-z_j)}{\prod_{i=1}^{n}(s-p_i)}\quad\left(K=K_g\frac{\prod_{j=1}^{m}(-z_j)}{\prod_{i=1}^{n}(-p_i)}\right)$$

式中：z_j 表示开环零点；p_i 表示开环极点；K_g 称为开环根轨迹增益，它与开环增益 K 之间仅相差一个比例常数。

系统的闭环传递函数为

$$\Phi_c(s)=\frac{C(s)}{R(s)}=\frac{G(s)}{1+G(s)H(s)}$$

令闭环传递函数的分母为零，得闭环系统特征方程为

$$1+G(s)H(s)=0$$

也可写成

$$G(s)H(s)=-1$$

显然，满足方程式 $G(s)H(s)=-1$ 的 s 值是系统闭环极点，即系统闭环特征方程的根，因此，称式 $G(s)H(s)=-1$ 为根轨迹方程，其实质就是系统的闭环特征方程。由于 s 是复数，系统开环传递函数 $G(s)H(s)$ 必然也是复数，所以式 $G(s)H(s)=-1$ 可改写为

$$|G(s)H(s)|\mathrm{e}^{\mathrm{j}\angle G(s)H(s)}=1\mathrm{e}^{\pm\mathrm{j}(2k+1)\pi},\quad k=0,1,2,\cdots,$$

将上式分成两个方程，可以得到

$$|G(s)H(s)|=1$$

$$\angle[G(s)H(s)]=\pm(2k+1)\pi,\quad k=0,1,2,\cdots$$

上面两式分别称为根轨迹的幅值条件和相角条件。

式 $G(s)H(s)=K_g\frac{\prod_{j=1}^{m}(s-z_j)}{\prod_{i=1}^{n}(s-p_i)}$ 可以写成如下形式：

$$K_g\frac{\prod_{j=1}^{m}(s-z_j)}{\prod_{i=1}^{n}(s-p_i)}=-1\quad 或\quad \frac{\prod_{j=1}^{m}(s-z_j)}{\prod_{i=1}^{n}(s-p_i)}=\frac{1}{K_g}$$

相应的幅值条件描述为

$$\frac{|K_g|\times\prod_{j=1}^{m}|s-z_j|}{\prod_{i=1}^{n}|s-p_i|}=1$$

相角条件为

$$\sum_{j=1}^{m}\angle(s-z_j)-\sum_{i=1}^{n}\angle(s-p_i)=\pm(2k+1)\pi\ (k=0,1,2,\cdots)，当\ K_g:0\rightarrow+\infty。$$

通常把根轨迹增益 K_g 从 $0 \to +\infty$ 变化时的根轨迹称为常规根轨迹，又称 180°根轨迹。

幅值条件和相角条件是根轨迹上的点应同时满足的两个条件，根据这两个条件，就可以完全确定 s 平面上的根轨迹及根轨迹上各点对应的 K_g 值。由于幅值条件与 K_g 值有关，而相角条件与 K_g 值无关，所以将满足相角条件的任意一点代入幅值条件，总可以求出一个相应的 K_g 值，也就是说，满足相角条件的点必须同时满足幅值条件。因此，相角条件是确定 s 平面上根轨迹的充要条件。绘制根轨迹时，只有当需要确定根轨迹上各点对应的 K_g 值时，才使用幅值条件。

2.4.2　常规根轨迹绘制规则

绘制根轨迹，需将开环传递函数化为用零点、极点表示的标准形式，即方程

$$G(s)H(s) = K_g \frac{\prod_{j=1}^{m}(s - z_j)}{\prod_{i=1}^{n}(s - p_i)}$$

形式。根轨迹增益 K_g 从 $0 \to +\infty$ 变化时的常规根轨迹，是根轨迹绘制中最为常见的情况。

绘制常规根轨迹的基本规则。

规则 1：

根轨迹的起始点和终止点：当开环有限极点数 n 大于开环有限零点数 m 时，根轨迹起始于系统的 n 个开环极点，其中 m 条根轨迹终止于系统开环零点，$(n-m)$ 条根轨迹终止于无穷远处。

规则 2：

根轨迹的分支数、对称性和连续性：根轨迹的分支数与开环有限零点数 m 和有限极点数 n 中的大者相等，并且根轨迹是连续的并且对称于实轴。

规则 3：

根轨迹的渐近线：当开环有限极点数 n 大于开环有限零点数 m 时，有 $(n-m)$ 条根轨迹分支沿着与实轴交角为 φ_a、交点为 σ_a 的一组渐近线趋向无穷远处，且有

$$\varphi_a = \frac{\pm(2k+1)\pi}{n-m}, k = 0,1,2,\cdots,n-m-1$$

$$\sigma_a = \frac{\sum_{i=1}^{n} p_i - \sum_{j=1}^{m} z_j}{n-m}$$

规则 4：

实轴上的根轨迹：判断实轴上的某一个区域是否为根轨迹的一部分，就要看其右边开环实数零点、极点个数之和是否为奇数。若为奇数，则该区域不是根轨迹。

规则 5：

根轨迹的分离点或会合点：两条或两条以上根轨迹分支在 s 平面上相遇又立即分开的点，称为根轨迹的分离点（或会合点），其坐标由下式决定：

$$\frac{\mathrm{d}K_{\mathrm{g}}}{\mathrm{d}s}=0$$

规则 6：

根轨迹的出射角和入射角：起始于开环复数极点处的根轨迹的出射角 θ_{pk} 和终止于开环复数零点处的根轨迹的入射角 φ_{zl} 为

$$\theta_{pk}=\mp(2k+1)\pi-\sum_{j=1}^{m}\angle(p_k-z_j)+\sum_{\substack{i=1\\i\neq k}}^{n}\angle(p_k-p_i)$$

$$\varphi_{zl}=\pm(2k+1)\pi+\sum_{i=1}^{n}\angle(z_l-p_i)-\sum_{\substack{j=1\\j\neq k}}^{m}\angle(z_l-z_j)$$

式中：θ_{pk} 为复平面极点 p_k 的出射角；φ_{zl} 为复平面零点 z_l 的入射角。

规则 7：

根轨迹与虚轴的交点：若根轨迹与虚轴相交，令闭环特征方程中的 $s=\mathrm{j}\omega$，然后分别使得其实部和虚部为零，即可求得根轨迹与虚轴的交点，也可用劳斯判据确定。

规则 8：

闭环根轨迹走向规则：在 $n-m\geqslant 2$ 的情况下，开环 n 个极点之和总是等于闭环 n 个极点之和，即

$$\sum_{i=1}^{n}s_i=\sum_{i=1}^{n}p_i$$

2.4.3 基于根轨迹的性能分析

1. 基于根轨迹的系统稳定性分析

控制系统闭环稳定的充要条件是系统闭环极点均在 s 平面的左半平面，而根轨迹描述的是系统闭环极点跟随参数在 s 平面变化的情况。因此，只要控制系统的根轨迹位于 s 平面的左半平面，控制系统就是稳定的，否则就是不稳定的。当系统的参数变化引起系统的根轨迹从左半平面变化到右半平面时，系统从稳定变为不稳定，根轨迹与虚轴交点处的参数值就是系统稳定的临界值。因此，根据根轨迹与虚轴的交点可以保证系统稳定

的参数取值范围。根轨迹与虚轴之间的相对位置，反映了系统的稳定程度，根轨迹越是远离虚轴，系统的稳定程度越好，反之则越差。

2. 基于根轨迹的系统稳态性能分析

对于典型输入信号，系统的稳态误差与开环放大倍数 K 和系统型别 ν 有关。在根轨迹图上，位于原点处的根轨迹起点数就对应于系统型别 ν，而根轨迹增益 K_g 与开环增益 K 仅仅相差一个比例常数，有

$$K = K_g \frac{\prod_{j=1}^{m}(-z_j)}{\prod_{i=1}^{n}(-p_i)}$$

根轨迹上任意点的 K_g 值，可由根轨迹方程的幅值条件在根轨迹上用图解法求取。根轨迹的幅值条件为

$$K_g \frac{\prod_{j=1}^{m}(-z_j)}{\prod_{i=1}^{n}(-p_i)} = 1$$

由此可得

$$K_g \frac{\prod_{i=1}^{n}|s-p_i|}{\prod_{j=1}^{m}|s-z_j|} = \frac{|s-p_1||s-p_2|\cdots|s-p_n|}{|s-z_1||s-z_2|\cdots|s-z_m|}$$

因为 $p_i(i=1,2,\cdots,n)$、$z_j(j=1,2,\cdots,m)$为已知，而 s 为根轨迹上的考察点，所以利用上式，在根轨迹上用图解法可求出任意点的 K_g 值。根轨迹上的每一组闭环极点都唯一地对应着一个 K_g 值(或 K 值)，知道了开环增益 K 和系统型别 ν，就可以求得系统稳态误差。

2.4.4　基于根轨迹的系统动态性能分析

系统单位阶跃响应由系统闭环零点、极点决定。控制系统的总体要求是，系统输出尽可能地跟踪给定输入，系统响应具有平稳性和快速性，这样在设计系统时就要考虑系统闭环零点、极点在 s 平面的位置，并满足下列要求。

(1) 若要求系统快速性好，则应使阶跃响应中的每个分量 $e^{p_i t}$、$e^{-\zeta_k \omega_k t}$ 衰减快，即闭环极点应远离虚轴。

(2) 若要求系统平稳性好，就要求复数极点应在 s 平面与负实轴成 $\pm 45^\circ$ 夹角线附

近。由二阶系统动态响应分析可知，共轭复数极点位于±45°线时，对应的阻尼比 $\zeta=0.707$ 为最佳阻尼比，这时系统的平稳性和快速性都较理想，超过±45°线，阻尼比减小，震荡性加剧。

(3) 若要求系统尽快结束动态过程，则由闭环极点离虚轴的远近决定过渡过程衰减的快慢，且极点之间的距离要大，零点应靠近极点。工程上往往只用主导极点估算系统的动态性能，将系统近似看成一阶系统或者二阶系统。

2.5 控制系统的频域分析法

2.5.1 频率特性的基本概念

1. 频率特性的定义

对线性系统，若设输入量为 $r(t)=A_r\sin\omega t$，则输出量将为

$$c(t)=A_c\sin(\omega t+\varphi)=AA_r\sin(\omega t+\varphi)$$

式中：输出量与输入量的幅值之比用 A 表示 $\left(A=\dfrac{A_c}{A_r}\right)$，输出量与输入量的相位移则用 φ 表示。

一个稳定的线性系统，幅值之比 A 和相位移 φ 都是频率 ω 的函数(随 ω 的变化而改变)，所以通常写成 $A(\omega)$ 和 $\varphi(\omega)$。

频率特性定义：线性定常系统在正弦输入信号的作用下，输出的稳态分量与输入量的复数比。其定义式为

$$G(\mathrm{j}\omega)=A(\omega)\mathrm{e}^{\mathrm{j}\varphi(\omega)}$$

式中：$G(\mathrm{j}\omega)$ 为频率特性；$A(\omega)$ 为幅频特性；$\varphi(\omega)$ 为相频特性。

2. 典型环节频率特性

1) 比例环节

(1) 传递函数为

$$G(s)=K$$

(2) 幅相频率特性。

频率特性为 $G(\mathrm{j}\omega)=K$，幅频特性为 $A(\omega)=K$，相频特性为 $\varphi(\omega)=0°$。

比例环节的幅频特性和相频特性均为常数，与频率无关。

(3) 对数频率特性。

对数幅频特性为 $L(\omega)=20\lg A(\omega)=20\lg K$，对数幅频特性的截距是 $20\lg K$ dB、平行于横轴的直线。若 $K>1$，则 $20\lg K>0$；若 $K=1$，则 $20\lg K=0$；若 $0<K<1$，则 $20\lg K<0$。

2) 积分环节

(1) 传递函数为

$$G(s)=\frac{1}{s}$$

(2) 幅相频率特性。

频率特性为 $G(\mathrm{j}\omega)=\frac{1}{\mathrm{j}\omega}=-\mathrm{j}\,\frac{1}{\omega}$，幅频特性为 $A(\omega)=\frac{1}{\omega}$，相频特性为 $\varphi(\omega)=-90°$。

(3) 对数频率特性。

对数幅频特性为 $L(\omega)=20\lg A(\omega)=20\lg\frac{1}{\omega}=-20\lg\omega$，积分环节的对数幅频特性 $L(\omega)$ 与变量 $\lg\omega$ 是直线关系，其斜率为 -20 dB/dec。当特殊点 $\omega=1$ 时，$A(\omega)=1$，并且 $L(\omega)=20\lg A(\omega)=0(\mathrm{dB})$。

对数幅频曲线 $L(\omega)$ 是一条过 $\omega=1$、$L(\omega)=0$ dB 点，斜率为 -20 dB/dec 的直线。相频特性曲线则是一条平行于横轴、相频值为 $-90°$ 的直线。

3) 微分环节

(1) 传递函数为

$$G(s)=s$$

(2) 幅相频率特性。

频率特性为 $G(\mathrm{j}\omega)=\mathrm{j}\omega$，幅频特性为 $A(\omega)=\omega$，相频特性为 $\varphi(\omega)=90°$。

(3) 对数频率特性。

对数幅频特性为 $L(\omega)=20\lg A(\omega)=20\lg\omega$，对数幅频曲线 $L(\omega)$ 是一条过 $\omega=1$、$L(\omega)=0$ dB 点，斜率为 20 dB/dec 的直线，$\varphi(\omega)=90°$。相频特性曲线 $\varphi(\omega)$ 是一条平行于横轴、相频值为 $90°$ 的直线。

积分环节 $\frac{1}{s}$ 与微分环节 s 两个环节的传递函数互为倒数，则它们的对数频率特性曲线是以横轴为对称的。

4) 惯性环节

(1) 传递函数为

$$G(s)=\frac{1}{Ts+1}$$

(2) 幅相频率特性。

频率特性为 $G(j\omega)=\frac{1}{j\omega T+1}$，幅频特性为 $A(\omega)=\frac{1}{\sqrt{1+(T\omega)^2}}$，相频特性为 $\varphi(\omega)=-\arctan\omega T$，实频特性为 $P(\omega)=\frac{1}{1+\omega^2T^2}$，虚频特性为 $Q(\omega)=-\frac{\omega T}{1+\omega^2T^2}$。

经过推导，得出 $P^2(\omega)+Q^2(\omega)-P(\omega)=0$。幅相特性曲线是以(0.5，j0)点为圆心、半径为0.5的一个半圆。

(3) 对数频率特性。

对数幅频特性为

$$L(\omega)=20\lg A(\omega)=20\left[\lg 1-\lg\sqrt{1+(T\omega)^2}\right]$$
$$=-20\lg\sqrt{1+(T\omega)^2}$$

绘制对数幅频特性，因逐点绘制很烦琐，所以通常采用近似画法。先做出 $L(\omega)$ 的渐近线，再计算修正值，最后精确绘制实际曲线。在高频段的近似对数幅频曲线是一条过特殊点 $\omega=\frac{1}{T}$、$L(\omega)=0$ dB，斜率为 -20 dB/dec 的直线，称它为高频渐近线。

对数相频特性为

$$\varphi(\omega)=-\arctan\omega T$$

相频曲线的特点为：当 $\omega=\frac{1}{T}$（交接频率）时，相频值为 -45°，并且整条曲线在 $\omega=\frac{1}{T}$、$\varphi(\omega)=-45^\circ$ 时是奇对称的，在低频时趋于 0° 线（即横坐标轴）、高频时趋于 -90° 是一条水平线。

5) 一阶微分环节

(1) 传递函数为

$$G(s)=Ts+1$$

(2) 幅相频率特性。

频率特性为

$$G(j\omega)=jT\omega+1$$

幅频特性为

$$A(\omega)=\sqrt{1+(T\omega)^2}$$

相频特性为

$$\varphi(\omega)=\arctan T\omega$$

实频特性为

$$P(\omega)=1$$

虚频特性为

$$Q(\omega)=T\omega$$

(3) 对数频率特性。

对数幅频特性为

$$L(\omega)=20\lg\sqrt{1+(T\omega)^2}$$

相频特性为

$$\varphi(\omega)=\arctan T\omega$$

6) 振荡环节

(1) 传递函数为

$$G(s)=\frac{\omega_n^2}{s^2+2\zeta\omega s+\omega_n^2}$$

或者

$$G(s)=\frac{1}{T^2s^2+2\zeta Ts+1}$$

(2) 幅相频率特性。

频率特性为

$$G(j\omega)=\frac{\omega_n}{(\omega_n^2-\omega^2)+j2\zeta\omega_n}=\frac{1}{\left[1-\left(\frac{\omega}{\omega_n}\right)^2\right]+j2\zeta\left(\frac{\omega}{\omega_n}\right)}$$

幅频特性为

$$A(\omega)=\frac{1}{\sqrt{\left[1-\left(\frac{\omega}{\omega_n}\right)^2\right]^2+\left(2\zeta\frac{\omega}{\omega_n}\right)^2}}$$

相频特性为

$$\varphi(\omega)=-\arctan\frac{2\zeta\cdot\frac{\omega}{\omega_n}}{1-\left(\frac{\omega}{\omega_n}\right)^2}$$

(3) 对数频率特性。

振荡环节的对数幅频特性为

$$\begin{aligned}L(\omega)&=20\lg A(\omega)\\&=-20\lg\sqrt{\left[1-\left(\frac{\omega}{\omega_n}\right)^2\right]^2+\left(2\zeta\frac{\omega}{\omega_n}\right)^2}\end{aligned}$$

① 振荡环节的对数幅频特性在低频段近似为 0 dB 的水平线，为低频渐近线。

② 高频段。当 $\omega=\frac{1}{T}$或 $\omega<\omega_n$ 时，则对数幅频特性为

$$L(\omega)=20\lg A(\omega)\approx 40\lg\omega_n-40\lg\omega$$

其斜率为−40 dB/dec。若特殊点 $\omega=\omega_n=\frac{1}{T}$，则 $L(\omega)=0$(dB)，为通过特殊点 $\omega=\omega_n=$

$\frac{1}{T}$、$L(\omega)=0$ dB，斜率为-40 dB/dec 的直线，为振荡环节的高频渐近线。

③ 交接频率。高频渐近线与低频渐近线在零分贝线（横轴）上相交于$\omega=\omega_n=\frac{1}{T}$处，所以振荡环节的交接频率是无阻尼自然振荡频率$\omega_n=\frac{1}{T}$。

④ 修正。用渐近线近似表示对数幅频特性曲线，在交接频率处误差最大。

相频特性$\varphi(\omega)$，低频时趋于$0°$，高频时趋于$-180°$；$\omega=\omega_n=\frac{1}{T}$时为$-90°$，与$\zeta$无关。

2.5.2 稳定性的频域判据

在频域中，只需根据系统的开环频率特性曲线（奈奎斯特图或伯德图）就可以分析、判断闭环系统的稳定性，并且可得到系统的稳定裕量。

1. 奈奎斯特稳定性判据

奈奎斯特稳定性判据是根据系统开环幅相频率特性曲线来判断闭环系统的稳定性。

当ω由$0\to\infty$变化时，系统开环幅相频率特性曲线$G_k(j\omega)$包围$(-1,j0)$点的圈数为N（逆时针方向包围时，N为正；顺时针方向包围时，N为负），系统开环传递函数的右极点个数为p。若$N=\frac{p}{2}$，则闭环系统稳定；否则闭环系统不稳定。

当系统开环幅相频率特性曲线形状比较复杂时，$G_k(j\omega)$包围$(-1,j0)$点的圈数不易找准，为了快速、准确地判断闭环系统的稳定性，我们引入了"穿越"的概念。$G_k(j\omega)$曲线穿过$(-1,j0)$点以左的负实轴，称为穿越。若$G_k(j\omega)$曲线由上而下穿过$(-1,j0)$点以左的负实轴，称为正穿越（相位增加）；若$G_k(j\omega)$曲线由下而上穿过$(-1,j0)$点以左的负实轴，称为负穿越（相位减少）。当ω由$0\to\infty$变化时，若$G_k(j\omega)$曲线在ω增加时，是从$(-1,j0)$点以左的负实轴上某一点开始往上（或往下）变化，则称为半次负（或半次正）穿越。

2. 对数频率稳定性判据

对数频率稳定性判据实质为奈奎斯特稳定性判据在系统的开环伯德图上的反映，因为系统开环频率特性$G_k(j\omega)$的奈奎斯特图与伯德图之间有一定的对应关系。在系统的开环对数频率特性曲线上，对数频率稳定性判据：当ω由$0\to\infty$变化时，在系统开环对数幅频曲线$L(\omega)>0$ dB的所有频段内，相频曲线$\varphi(\omega)$对$-180°$线的正穿越与负穿越次数

之差为$\frac{p}{2}$(p 为开环不稳根数目)时,闭环系统稳定;否则闭环系统不稳定。用数学式表示为

$$N_{+}-N_{-}=\frac{p}{2}$$

若系统满足上式,则闭环系统是稳定的;否则闭环系统是不稳定的。其中 N_{+}、N_{-} 分别为正穿越次数和负穿越次数。

2.5.3 频域特征参数

1. 开环频域特征参数

1) 开环截止频率 ω_c

对数频率特性曲线穿越 0 dB 线时对应的频率称为截止频率,记作 ω_c,有

$$A(\omega_c)=|G(j\omega_c)H(j\omega_c)|=1$$

2) 开环穿越频率 ω_g

相频特性曲线穿越$-180°$线时对应的频率称为开环穿越频率,记作 ω_g,有

$$\varphi(\omega_g)=\angle G(j\omega_g)H(j\omega_g)=(2k+1)\pi$$

式中:$k=0,\pm1,\pm2,\cdots$。

3) 相位裕度 γ

对数频率特性曲线穿越 0 分贝线时,相频特性曲线与$-180°$之间的差值称为相位裕度,记作 γ。设 ω_c 为系统的截止频率,则相位裕度为

$$\gamma=180°+\angle G(j\omega_c)H(j\omega_c)$$

4) 幅值裕度 h

相频特性曲线穿越$-180°$线时对应的幅频特性曲线的幅值称为幅值裕度,记作 h。设 ω_x 为系统的穿越频率,则幅值裕度为

$$h=\frac{1}{|G(j\omega_x)H(j\omega_x)|}$$

2. 闭环频域特征参数

1) 控制系统的带宽频率 ω_b

设 $\Phi(j\omega)$为系统闭环频率特性,当闭环幅频特性下降到频率为零的分贝值以下 3 dB 时,对应的频率称为带宽频率,记作 ω_b,即当 $\omega>\omega_b$ 时,有

$$20\lg\Phi(j\omega)<20\lg\Phi(j0)-3$$

而频率范围$(0,\omega_b)$称为系统的带宽。

2）零频振幅比 $M(0)$

ω 为零时，闭环幅频特性值称为零频振幅比。它反映了系统的稳态精度，$M(0)$越接近 1，系统的精度越高；若 $M(0)\neq 1$，则说明系统存在稳态误差。

3）相对谐振峰值 M_p

闭环幅频特性的最大值 M_{max} 与零频振幅比 $M(0)$之比称为相对谐振峰值，记作 M_p。当 $M(0)=1$ 时，$M_p=M_{max}$。

4）谐振频率 ω_p

闭环幅频特性出现最大值 M_{max} 时的频率称为谐振频率。

系统时域指标的物理意义明确、直观，但仅适用于单位阶跃响应，而不能直接应用于频域的分析和综合。闭环系统带宽频域 ω_b 虽然能反映系统的跟踪速度和抗干扰能力，但需要通过闭环频率特性加以确认。而系统开环频域指标相位裕度 γ 和截止频率 ω_c 可以由已知的开环对数频率特性曲线确定，且它们的大小在很大程度上决定了系统的性能，因此工程上常用相位裕度 γ 和截止频率 ω_c 来估算系统的时域指标。

2.6 线性系统的校正

大多数情况下，为了使控制系统的静态性能和动态性能满足工程上的要求，仅靠简单地引入输出量的反馈是不够的，因为在这种简单的反馈系统中，若开环比例系数小，则不能保证静态精度和响应速度，若开环比例系数大，则又会使动态性能变差，甚至造成系统不稳定。因此需要在系统中加入一些装置，以改善系统的性能，从而满足工程设计的要求，这种措施称为校正，而以此为目的加入的装置称为校正装置。

2.6.1 基本校正规律

确定校正装置的具体形式时，应先了解校正装置所需提供的控制规律，以便选择相应的元件。包含校正装置在内的控制器，常采用比例、微分、积分等基本控制规律，或者采用这些基本控制规律的某些组合，比如，比例微分、比例积分、比例积分微分等组合控制规律，以实现对被控对象的有效控制。

1. 比例控制规律

具有比例控制规律的控制器，称为 P 控制器，如图 2-8 所示。其中 K_p 称为 P 控制器增益。

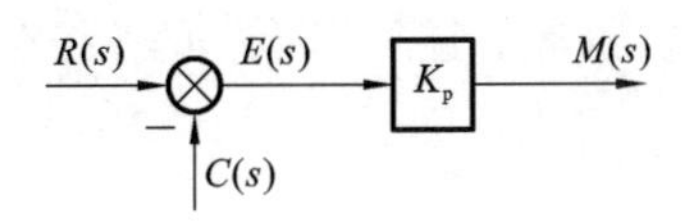

图 2-8　P 控制器

P 控制器实质上是一个具有可调增益的放大器。在信号变换过程中,P 控制器只改变信号的增益而不影响其相角。在串联校正中,加大控制器增益,可以提高系统的开环增益,减小系统的稳态误差,从而提高系统的控制精度,但会降低系统的相对稳定性,甚至可能造成闭环系统不稳定。因此,在系统校正设计中,很少单独使用比例控制规律。

2. 比例微分控制规律

具有比例微分控制规律的控制器,称为 PD 控制器,其输出信号 $m(t)$ 与输入信号 $e(t)$ 的关系如下:

$$m(t)=K_{\mathrm{p}}e(t)+K_{\mathrm{p}}T\frac{\mathrm{d}e(t)}{\mathrm{d}t}$$

式中:K_{p} 为比例系数;T 为微分时间常数,K_{p} 与 T 都是可调的参数。对上述微分方程取拉氏变换,可得 PD 控制器的传递函数为 $G_{\mathrm{c}}(s)=\dfrac{M(s)}{E(s)}=K_{\mathrm{p}}(1+Ts)$,PD 控制器如图 2-9 所示。

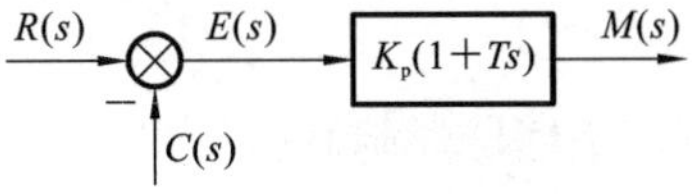

图 2-9　PD 控制器

PD 控制器相当于系统开环传递函数增加了一个 $\left(-\dfrac{1}{T}\right)$ 的开环零点,提高了系统的相位裕度,因而有助于系统动态性能的改善。

3. 积分控制规律

具有积分控制规律的控制器,称为 I 控制器。I 控制器的输出信号 $m(t)$ 与其输入信号 $e(t)$ 的积分成正比,即

$$m(t)=K_{\mathrm{i}}\int_{0}^{t}e(t)\mathrm{d}t$$

式中:K_{i} 为可调比例系数。

由于 I 控制器的积分作用,当其输入 $e(t)$ 消失后,输出信号 $m(t)$ 有可能是一个不为零的常数。对上述方程取拉氏变换,可得 I 控制器的传递函数为

$$G_{\mathrm{c}}(s)=\frac{M(s)}{E(s)}=\frac{K_{\mathrm{i}}}{s}$$

在控制系统的校正设计中，通常不宜采用单一的 I 控制器。

4. 比例积分控制规律

具有比例积分控制规律的控制器，称为 PI 控制器，其输出信号 $m(t)$ 同时成比例地反映输入信号 $e(t)$ 及其积分，即

$$m(t)=K_{\mathrm{p}}e(t)+\frac{K_{\mathrm{p}}}{T_{\mathrm{i}}}\int_{0}^{t}e(t)\mathrm{d}t$$

式中：K_{p} 为可调比例系数；T_{i} 为可调积分时间常数。

在串联校正时，PI 控制器相当于在系统中增加了一个位于原点的开环极点，同时增加了一个位于 s 左半平面的开环零点。位于原点的极点可以提高系统的型别，以消除或减小系统的稳态误差，改善系统的稳态性能；而增加的负实数零点则用来减小系统的阻尼程度，缓和 PI 控制器极点对系统稳定性及动态过程产生的不利影响。只要可调积分时间常数 T_{i} 足够大，PI 控制器对系统稳定性的不利影响可大为减弱。在控制工程实践中，PI 控制器主要用来改善控制系统的稳态性能。

5. 比例积分微分控制规律

具有比例积分微分控制规律的控制器，称为 PID 控制器，它兼有三种基本规律的特点，其输出信号 $m(t)$ 与输入信号 $e(t)$ 满足

$$m(t)=K_{\mathrm{p}}e(t)+\frac{K_{\mathrm{p}}}{T_{\mathrm{i}}}\int_{0}^{t}e(t)\mathrm{d}t+K_{\mathrm{p}}\tau\frac{\mathrm{d}e(t)}{\mathrm{d}t}$$

对上述方程取拉氏变换，可得 PID 控制器的传递函数为

$$G_{\mathrm{c}}(s)=\frac{M(s)}{E(s)}=K_{\mathrm{p}}\left(1+\frac{1}{T_{\mathrm{i}}s}+\tau s\right)$$

当利用 PID 控制器进行串联校正时，除可使系统的型别提高一级外，还将提供两个负实数零点。与 PI 控制器相比，PID 控制器除同样具有提高系统稳态性能的优点外，还多提供一个负实数零点，从而在提供系统动态性能方面，具有更大的优越性，因此，在工业过程控制系统中使用广泛。PID 控制器各部分参数的选择，在系统现场调试中最后确定。通常，应使 I 部分发生在系统频率特性的低频段，以提高系统的稳态性能；应使 D 部分发生在系统频率特性的中频段，以改善系统的动态性能。

2.6.2 校正方法

常见的系统校正方法有以下两种。

1. 频率法

频率法的基本做法是利用适当的校正装置的伯德图，配合开环增益的调整来修改原

有的开环系统的伯德图,使得开环系统经校正与增益调整后的伯德图符合性能指标的要求。

2. 根轨迹法

根轨迹法是在系统中加入校正装置,即加入新的开环零点、极点,以改变原有系统的闭环根轨迹,即改变闭环极点,从而改善系统的性能。这样通过增加开环零点、极点使闭环零点、极点重新布置,从而满足闭环系统的性能要求。显然,频率法和根轨迹法都是建立在系统性能定性分析与定量估算基础上的,而近似分析与估算的基础又是一阶、二阶系统。因此,前面几章的概念与分析方法是进行校正设计的基础。

系统校正设计的一个特点就是设计方案不是唯一的,即达到给定性能指标的要求。采取校正方式和校正装置的具体形式可以不止一种,具有较大的灵活性,这也给设计工作带来了困难。因此在设计过程中,往往是运用基本概念、在粗略估算的基础上,经过若干次试凑来达到预期的目的。

2.6.3　校正装置

常用的校正网络有无源网络和有源网络。无源网络由电阻、电容、电感器件构成,有源网络主要由直流运算放大器构成。下面以无源网络为例来说明校正装置及其特性。

1. 无源超前校正装置

无源超前校正装置如图 2-10 所示,设输入信号源的内阻为零,输出端负载为无穷大,利用复阻抗的方法,可求得该校正装置的传递函数为

$$G_c(s)=\frac{1}{a}\frac{1+aTs}{1+Ts},\quad a>1$$

式中:$a=\frac{R_1+R_2}{R_2}>1$,$T=\frac{R_1R_2}{R_1+R_2}C$。

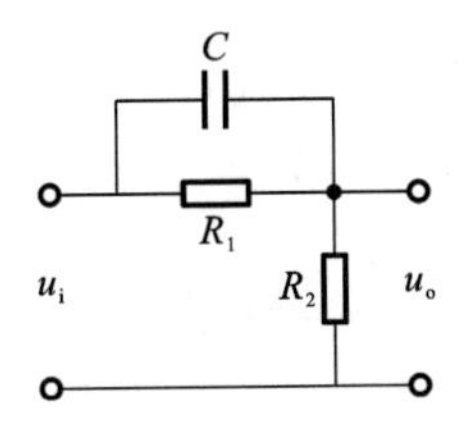

图 2-10　无源超前校正装置

若将该网络串入系统,则会使系统的开环放大系数下降,即幅值衰减,但可通过提高系统其他环节的放大系数或添加一放大系数为 a 的比例放大器加以补偿。

如果采用有源微分网络，就没有上述放大系数的补偿问题。补偿了放大系数 a 后，无源校正装置的传递函数为

$$G_c(s)=\frac{1+aTs}{1+Ts}(a>1)$$

从上式可以看出无源超前校正装置是一种带惯性的 PD 控制器，其超前相角为

$$\varphi_c(\omega)=\arctan(aT\omega)-\arctan(T\omega)=\arctan\frac{(a-1)T\omega}{1+aT^2\omega^2}$$

最大超前相角发生在$\frac{1}{aT}$和$\frac{1}{T}$之间，其值 φ_m 的大小取决于 a 值的大小。因此，求出最大超前频率 ω_m 为$\frac{1}{T\sqrt{a}}$。当 $\omega=\omega_m=\frac{1}{T\sqrt{a}}$（$\omega_m$ 是$\frac{1}{aT}$和$\frac{1}{T}$的几何中点）时，最大超前相角为 $\varphi_c(\omega)=\arcsin\frac{a-1}{a+1}$，此时无源超前校正装置的幅值为 $20\lg|G_c(j\omega)|=10\lg a$。

无源超前校正装置的伯德图如图 2-11 所示。

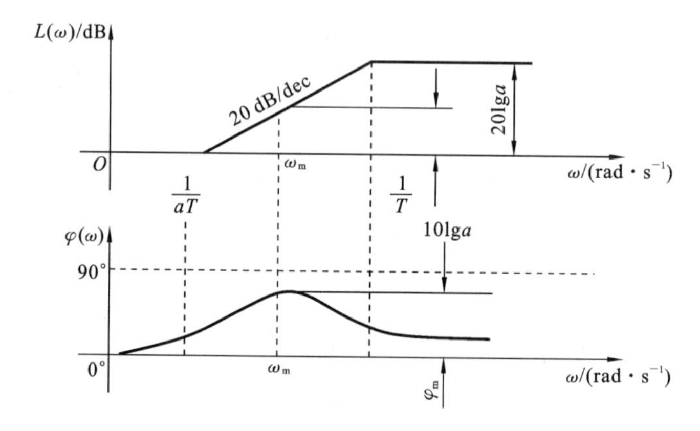

图 2-11　无源超前校正装置的伯德图

由伯德图更能清楚地看到无源超前校正装置的高通特性，其最大的幅值增益为

$$|G_c(j\omega)|=20\lg\sqrt{1+(a\omega_m T_c)^2}-20\lg\sqrt{1+(\omega_m T_c)^2}=20\lg\sqrt{a}=10\lg a$$

在采用无源超前校正装置时，需要确定 a 和 T 两个参数。如果选定了 a，就容易确定参数 T 了。

2. 无源滞后校正装置

典型的无源滞后校正装置及其零点、极点分布图如图 2-12 所示。无源滞后校正装置的传递函数为

$$G_c(s)=\frac{1+bTs}{1+Ts},\quad b<1$$

式中：$b=\frac{R_2}{R_1+R_2}<1$，$T=(R_1+R_2)C$。

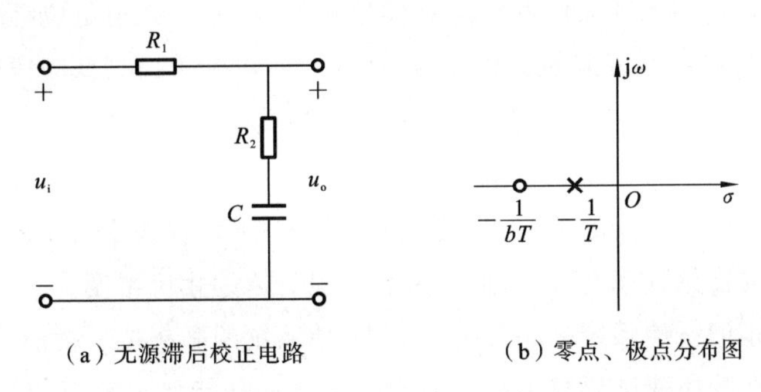

（a）无源滞后校正电路　　（b）零点、极点分布图

图 2-12　无源滞后校正装置及其零点、极点分布图

滞后网络的相角为

$$\varphi_c(\omega)=\arctan(bT\omega)-\arctan(T\omega)$$

$$=\arctan\frac{(b-1)T\omega}{1+bT^2\omega^2}<0$$

当 $\omega=\omega_m=\frac{1}{T\sqrt{b}}\left(\omega_m \text{ 是}\frac{1}{bT}\text{和}\frac{1}{T}\text{的几何中点}\right)$时，最大超前相角为

$$\varphi_m=\arcsin\frac{1-b}{1+b}$$

无源滞后校正高频段的幅值为

$$20\lg|G_c(j\omega)|=20\lg b$$

无源滞后校正装置的伯德图如图 2-13 所示。

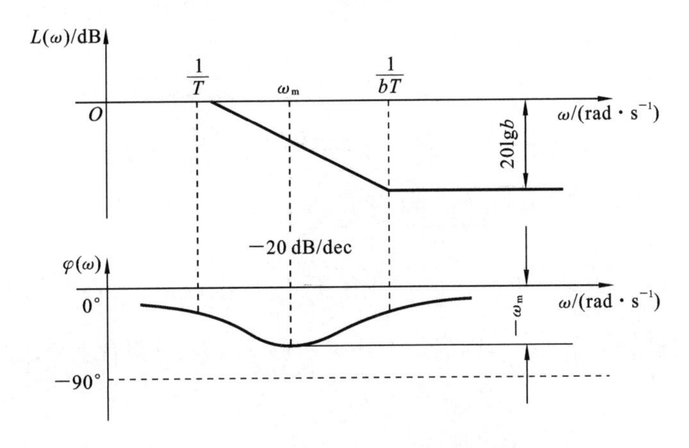

图 2-13　无源滞后校正装置的伯德图

对于无源滞后校正装置而言，当频率 $\omega>\omega_2=\frac{1}{bT}$时，校正电路的对数幅频特性的增益将等于 $20\lg b$ dB，并保持不变。当 b 值增大时，最大相角位移 φ_{max} 也增大，而且 φ_{max} 出现在特性 $-20\lg b$ dB 线段的几何中点。校正时，如果选择交接频率$\frac{1}{bT}$远小于系统要求的

穿越频率 ω_c 时，则这一无源滞后校正将对穿越频率 ω_c 附近的相角位移无太大影响。因此，为了改善稳态特性，尽可能使 b 和 T 取值大一些，以利于提高低频段的增益。但实际上，这种校正电路受到具体条件的限制，b 和 T 总是难以选得过大。

串联无源滞后校正装置的特点如下。

(1) 在相对稳定性不变的情况下，增大速度误差系数，提高稳态精度。

(2) 使系统的穿越频率下降，从而使系统获得足够的相位裕度。

(3) 滞后校正网络使系统的频带宽度减小，使系统的高频抗干扰能力增强。

(4) 适用于在响应速度要求不高而抑制噪声电平性能要求较高的情况下；或者系统动态性能已满足要求，仅稳态性能不满足指标要求的情况下。

3. 无源滞后-超前校正装置

利用相角超前校正，可增加频带宽度，提高系统的快速性，并能加大稳定裕度，提高系统稳定性；利用无源滞后校正可解决提高稳态精度与系统振荡性矛盾的问题，但会使频带变宽。若希望全面提高系统的动态品质，使稳态精度、系统的快速性和振荡性均有所改善，则可将无源滞后校正装置与无源超前校正装置结合起来，组成无源滞后-超前校正装置。

无源超前校正装置的转折频率一般选在系统的中频段，而无源滞后校正装置的转折频率应选在系统的低频段。无源滞后-超前校正装置传递函数的一般形式为

$$G_c(s)=\frac{(1+bT_1s)(1+aT_2s)}{(1+T_1s)(1+T_2s)}$$

式中：$a>1$，$b<1$，且有 $bT_1>aT_2$。

典型的无源滞后-超前校正装置如图 2-14 所示，利用复阻抗方法可求得

$$G_c(s)=\frac{U_2(s)}{U_1(s)}=\frac{(R_1C_1s+1)(R_2C_2s+1)}{(T_as+1)(T_bs+1)+T_{ab}s}$$

$$=\frac{(T_as+1)(T_bs+1)}{(T_1s+1)(T_2s+1)}$$

式中：$T_a=R_1C_1$，$T_b=R_2C_2$，$T_{ab}=R_1C_2$，且有 $T_1T_2=T_aT_b$，$T_1+T_2=T_a+T_b+T_{ab}$。

取 $T_1>T_a$ 和 $\frac{T_a}{T_1}=\frac{T_2}{T_b}=\frac{1}{a}$，则满足上述关系的 T_1、T_2 应符合下列关系

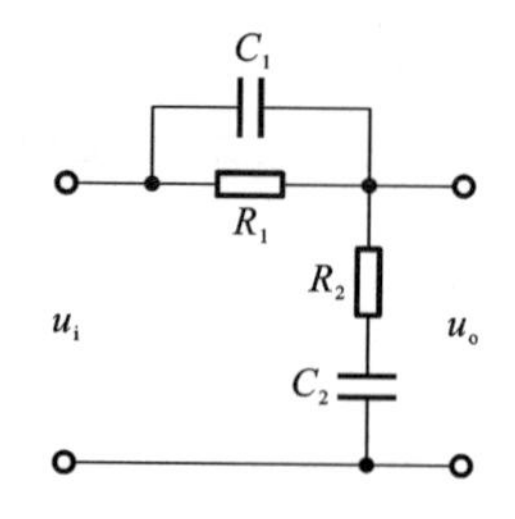

图 2-14　无源滞后-超前校正装置

$$T_1 = aT_a, \quad T_2 = \frac{1}{a}T_b$$

式中：$a>1$。

那么

$$G_c(s) = \frac{(1+T_a s)(1+T_b s)}{(1+aT_a s)\left(1+\frac{T_b}{a}s\right)}, \quad a>1, T_a>T_b$$

式中：$(1+T_a s)/(1+aT_a s)$表示完成相角滞后校正；$(1+T_b s)/\left(1+\frac{T_b}{a}s\right)$表示完成相角超前校正。

无源滞后-超前校正装置伯德图如图 2-15 所示。由图可以看出，低频段起始于零分贝线，高频段终止于零分贝线，在不同的频段内分别起到滞后校正、超前校正作用。

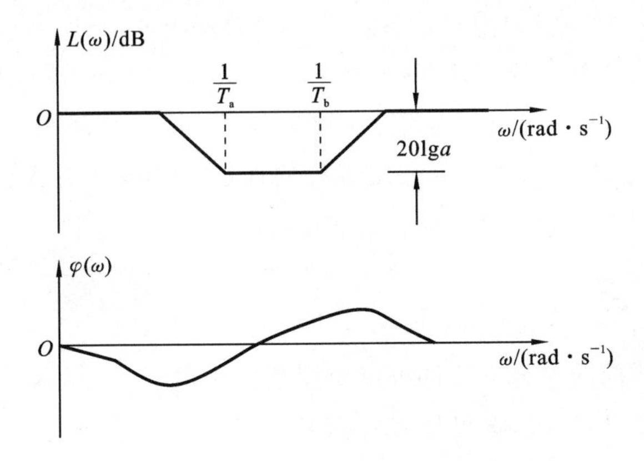

图 2-15　无源滞后-超前校正装置伯德图

无源滞后-超前校正装置的特点是，利用其超前网络的超前部分来增大系统的相位裕度，利用滞后部分来改善系统的稳态性能，使已校正系统的响应速度加快，超调量减小，抑制高频噪声的性能也好。无源滞后-超前校正装置适用于当校正系统不稳定，且要求校正后系统的响应速度、相位裕度和稳态精度较高的情况。

2.7　线性离散控制系统的分析与校正

2.7.1　线性离散控制系统的数学模型

线性离散控制系统的数学模型可以用差分方程、脉冲传递函数和离散状态空间表达式来描述。相对连续系统，离散系统的每一种数学模型均有类似的方法与之对应，例如离散系统的时间脉冲序列对应于连续系统的时间脉冲响应、差分方程对应于微分方程、脉冲传递函数对应于传递函数、离散状态空间表达式对应于连续状态空间表达式等。

对于一般的线性定常离散系统，k 时刻的输出序列 $c(k)$ 不但与 k 时刻的输入序列 $r(k)$ 有关，而且与 k 时刻以前的输入序列 $r(k-1)$，$r(k-2)$，… 有关，同时还可能与 k 时刻以前的输出序列 $c(k-1)$，$c(k-2)$，… 有关。这种关系一般可用下列 n 阶后向差分方程来描述：

$$c(k)+a_1c(k-1)+\cdots+a_nc(k-n)$$
$$=b_0r(k)+b_1r(k-1)+\cdots+b_mr(k-m)$$

即

$$c(k)=-\sum_{i=1}^{n}a_ic(k-i)+\sum_{j=0}^{m}b_jr(k-j)$$

式中：$a_i(i=1,2,\cdots,n)$ 和 $b_j(j=0,1,\cdots,m)$ 为常系数，$m\leqslant n$。

上式称为 n 阶线性常系数差分方程，它在物理意义上代表一个线性定常离散系统。

线性常系数差分方程的求解方法有经典法、迭代法和 z 变换法。与微分方程的经典法类似，差分方程的经典法也要求出齐次方程的通解和非齐次方程的一个特解，计算烦琐。下面仅介绍工程上常用的迭代法和 z 变换法。

1. 迭代法(递推法)

后向差分方程或前向差分方程都可以使用迭代法求解。若已知差分方程，并且给定输出序列的初值和输入序列，则可以利用递推关系，在计算机上一步一步地算出输出序列。

2. z 变换法

在连续系统中用拉氏变换法求解微分方程，使得复杂的微积分运算变成简单的代数运算。同样，在离散系统中用 z 变换法求解差分方程，就是将差分方程变换成以 z 为变量的代数方程，再进行求解。

已知输出序列 $c(k)$ 的初值和输入序列 $r(k)$，对差分方程两端取 z 变换，并利用 z 变换的实数位移定理，得到以 z 为变量的代数方程，计算出代数方程的解 $C(z)$，再对 $C(z)$ 取 z 反变换，求出输出序列 $c(k)$。其具体步骤如下。

(1) 根据 z 变换实数位移定理对差分方程逐项取 z 变换。

(2) 求差分方程解的 z 变换表达式 $C(z)$。

(3) 通过 z 反变换求差分方程的时域解 $c(k)$。

使用 z 变换法求解时，应采用前向差分方程，利用超前定理将其转换成代数方程。若求解后向差分方程，应先将其转换成前向差分方程，再利用超前定理进行转换。否则，若直接利用滞后定理将后向差分方程转换为代数方程，计算得到的代数方程的解 $C(z)$ 通常比较复杂，难以进行 z 反变换。

2.7.2 线性离散控制系统稳定判据

1. 线性离散控制系统的充要条件

在线性定常连续系统中，系统稳定的充要条件取决于闭环极点是否均位于 s 平面左半部。与此类似，对于线性定常离散系统，也可以根据闭环极点在 z 平面的分布来判断系统是否稳定。

设典型离散系统的特征方程为 $D(z)=1+GH(z)=0$，由 s 域到 z 域的映射关系知：s 平面左半平面映射为 z 平面上单位圆内的区域，对应稳定区域；s 平面右半平面映射为 z 平面上单位圆外的区域，对应不稳定区域；s 平面上的虚轴映射为 z 平面上的单位圆周，对应临界稳定情况。

因此，线性定常离散系统稳定的充要条件是：当且仅当离散系统特征方程的全部特征根均分布在 z 平面的单位圆内。

如果在 z 平面单位圆上存在特征根，则系统是临界稳定的，而在工程上则把此种情况归于不稳定之列。

2. 运用双线性变换的劳斯稳定判据

连续系统的劳斯判据是通过系统特征方程的系数关系来判别系统稳定性的，实质是判断系统特征方程的根是否都在左半 s 平面。但是在离散系统中，需要判断系统特征方程的根是否都在 z 平面的单位圆内。因此，不能直接应用连续系统中的劳斯判据，必须引入一种新的变换。设这种新的变换为 w 变换，它将 z 平面映射到 w 平面，使 z 平面的单位圆内区域映射成左半 w 平面，z 平面的单位圆映射成 w 平面的虚轴，z 平面的单位圆外区域映射成右半 w 平面。通过 w 变换，将线性定常离散系统的特征方程由 z 平面转换到 w 平面。w 平面上离散系统稳定的充要条件是所有特征根位于左半 w 平面，符合劳斯稳定判据的应用条件，所以根据 s 域中的特征方程系数，可以直接应用劳斯表判断离散系统的稳定性。

3. 奈奎斯特稳定判据

奈奎斯特稳定判据是检验连续系统稳定性的有效方法，它利用系统开环频率特性来判断闭环系统的稳定性，该方法可直接应用于离散系统。

需要注意的是，离散系统的不稳定域是 z 平面的单位圆外部。具体方法如下：

(1) 设离散系统特征方程为 $1+kG(z)=0$。

(2) 确定开环脉冲传递函数 $kG(z)$ 的不稳定极点数 P。

(3) 以 $z=e^{j\omega T}$ 代入,在 $0\leqslant\omega T\leqslant2\pi$ 范围内画开环频率特性 $kG(e^{j\omega T})$。

(4) 计算该曲线顺时针方向包围 $z=-1$ 的数目 N。

(5) 计算 $Q=P-N$,当且仅当 $Q=0$ 时,闭环系统稳定。

2.7.3 线性离散控制系统的动态响应

连续系统的动态特性是通过系统在单位阶跃输入信号作用下的响应过程来衡量的,反映了控制系统的瞬态过程。其主要性能指标有上升时间 t_r、峰值时间 t_p、调节时间 t_s 和超调量等。离散系统的动态性能指标的定义与连续系统的相同,也是通过系统的阶跃响应来定义的。但是在分析离散系统的动态过程时,得到的只是各采样时刻的值,采样间隔内系统的状态不能表示出来。

当系统的输入为单位阶跃函数 $1(t)$ 时,应用 z 变换法分析系统动态性能的主要思路和步骤如下。

1. 求出系统输出量的 z 变换函数 $C(z)$

如果可以求出离散系统的闭环脉冲传递函数 $\Phi(z)$,则系统输出量的 z 变换函数为

$$C(z)=R(z)\Phi(z)=\frac{z}{z-1}\Phi(z)$$

2. 求出输出信号的脉冲序列 $c^*(t)$

将 $C(z)$ 展开成幂级数,通过 z 反变换求出输出信号的脉冲序列 $c^*(t)$,$c^*(t)$ 代表线性定常离散系统在单位阶跃输入作用下的响应过程。由于离散系统时域指标的定义与连续系统的相同,故根据单位阶跃响应曲线 $c^*(t)$ 可方便地分析离散系统的动态性能和稳态性能。

2.8 现代控制理论

2.8.1 极点配置

由于控制系统的动态性能主要取决于它的闭环极点在 s 平面上的位置,因此人们常

把对系统动态性能的要求转化为一组希望的闭环极点。一个单输入单输出的 N 阶系统，如果仅靠系统的输出量进行反馈，显然不能使系统的 n 个极点位于所希望的位置。基于一个 N 阶系统有 N 个状态变量，如果把它们作为系统的反馈信号，则在一定条件下就能实现对系统极点的任意配置，这个条件就是系统能控。理论证明，通过状态反馈的系统，其动态性能一定会优于只有输出反馈的系统。

设受控系统的动态方程为

$$\dot{x}=\mathbf{A}x+bu$$

$$y=cx$$

图 2-16 为受控系统的状态变量图。

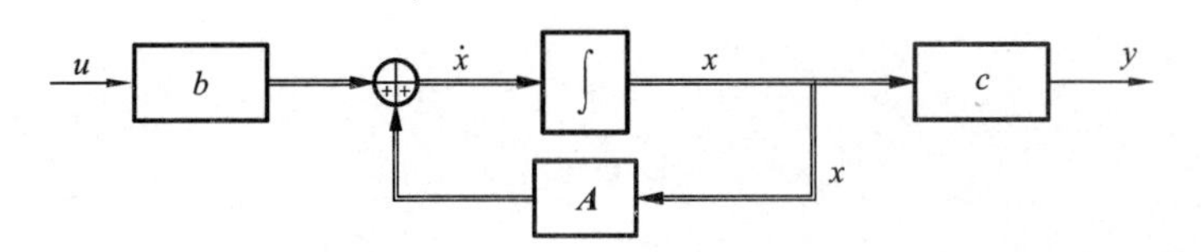

图 2-16　受控系统的状态变量图

令 $u=r-\mathbf{K}x$，其中 $\mathbf{K}=[k_1 \quad k_2 \quad \cdots \quad k_n]$，$r$ 为系统的给定量，x 为 $n\times1$ 系统的状态变量，u 为 1×1 控制量。那么引入状态反馈后系统的状态方程变为

$$\dot{x}=(\mathbf{A}-b\mathbf{K})x+bu$$

相应的特征多项式为

$$\det[sI-(\mathbf{A}-b\mathbf{K})]$$

调节状态反馈矩阵 $\mathbf{K}$ 的元素 $[k_1 \quad k_2 \quad \cdots \quad k_n]$，就能实现闭环系统极点的任意配置。图 2-17 为引入状态变量后的系统方框图。

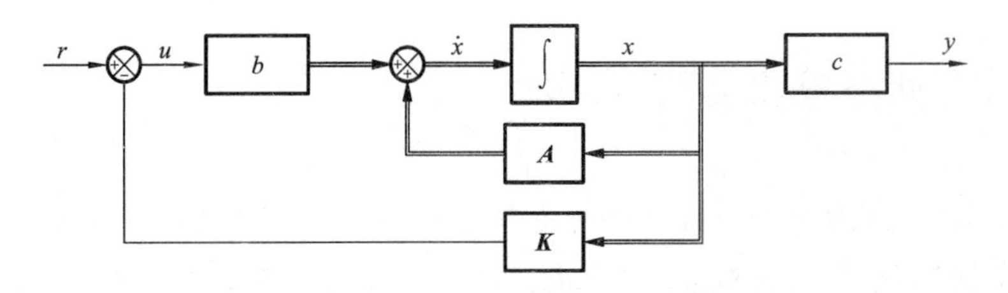

图 2-17　引入状态变量后的系统方框图

2.8.2　具有内部模型的状态反馈控制系统

系统极点任意配置（状态反馈）仅从系统获得满意的动态性能考虑，即系统有一组希望的闭环极点，但不能实现系统无误差。经典控制理论告诉我们，系统的开环传递函数中，若含有某控制信号的极点，则该系统对此输入信号无稳态误差产生。据此，在具有状

态反馈系统的前向通道中引入 $R(s)$ 的模型，这样，系统既具有理想的动态性能，又有对该系统无稳态误差产生。

1. 内模控制实验原理

设受控系统的动态方程为 $\dot{x}=\mathbf{A}x+bu, y=cx$。

令参考输入为阶跃信号 r，则有 $\dot{r}=0$。

令系统的输出与输入之间的跟踪误差为 $e=y-r$，则有 $\dot{e}=\dot{y}-\dot{r}=c\dot{x}$。若令 $Z=\dot{x}, \omega=\dot{u}$ 为两个中间变量，则得

$$\dot{Z}=\mathbf{A}\dot{x}+b\dot{u}=\mathbf{A}z+b\omega$$

写成矩阵形式：

$$\begin{bmatrix}\dot{e}\\ \dot{z}\end{bmatrix}=\begin{bmatrix}0 & c\\ 0 & \mathbf{A}\end{bmatrix}\begin{bmatrix}e\\ Z\end{bmatrix}+\begin{bmatrix}0\\ b\end{bmatrix}\omega$$

若能控，则可求得如下形式的状态反馈：

$$\omega=-k_1 e-\mathbf{K}_2 z \ (\mathbf{K}_2=[k_2 \quad k_3])$$

这不仅能使系统稳定，而且能实现稳态误差为零。积分得

$$u=-k_1\int e(t)\mathrm{d}t-k_2 x(t)$$

2. 内模控制器的设计

为使校正后的系统不仅具有良好的动态性能，而且要以零稳态误差跟踪输入，因此需在状态反馈的基础上引入内模控制器。

2.8.3 状态观测器及其应用

状态反馈虽然能使系统获得满意的动态性能，但对于具体的控制系统，由于受物理实现条件的限制，不可能做到系统中的每一个状态变量 x 都有相应的检测传感器。为此，人们设想构造一个模拟装置，使它具有与被控系统完全相同的动态方程和输入信号。由于这种模拟装置的状态变量 $\hat{x}$ 都能被检测出来，因此可将它作为被控系统的状态进行反馈，这个模拟装置称为系统的状态观测器。

为了使在不同的初始状态 $\hat{x}(t_0)\neq x(t_0)$，且 $\hat{x}(t)$ 能以最快的速度将趋于实际系统的状态变为 $x(t)$，必须将状态观测器接成闭环形式，那么它的极点配置距 s 平面虚轴的距离至少大于状态反馈系统的极点距虚轴距离的 5 倍。

第3章

控制系统仿真相关命令/函数与实例

3.1 控制系统建模

1. 控制系统传递函数模型描述

函数语法如下：

```
sys=tf(num, den, Ts)
```

其中：num、den 分别为传递函数分子、分母多项式降幂排列的系数向量；T_s表示采样时间，缺省时描述的是连续系统。用 tf()函数来建立控制系统的传递函数模型，用函数 printsys()来输出控制系统的函数，其调用格式如下：

```
sys=tf(num,den)
printsys(num,den)
```

提示：对于已知的多项式模型传递函数，其分子、分母多项式系数向量可分别用 sys. num{1}与 sys. den{1}命令求出，这在 MATLAB 程序设计中非常有用。

采用多项式相乘函数 conv()可描述尾一型的传递函数。

例 3-1 已知系统传递函数为

$$G(s)=\frac{3s+5}{s^3+2s^2+2s+1}$$

请建立系统的传递函数模型。

MATLAB 程序如下：

```
num=[0 3 5];                % 分子多项式系数向量
den=[1 2 2 1];              % 分母多项式系数向量
Print sys(num,den)          % 建立系统传递函数 G(s)并输出显示
```

例 3-2　已知系统传递函数为

$$G(s)=\frac{6(s+3)^2(s^2+5s+8)}{s(s+2)^3(s^3+2s+1)}$$

请建立系统的传递函数模型。

MATLAB 程序如下：

```
S=tf('s');
Gs=(6*(s+3)^2*(s^2+5*s+ 8))/(s*(s+2)^3*(s^3+2*s+1))
```

2. 系统零极点模型描述

函数语法如下：

```
sys=zpk(z, p, k, Ts)
```

其中：z、p、k 分别为系统的零点、极点及增益，若无零点、极点，则用[]表示；T_s 表示采样时间，缺省时描述的是连续系统。

例 3-3　已知系统传递函数为

$$G(s)=\frac{4(s+8)}{(s+0.1)(s+0.5)(s+7)}$$

请建立系统的零极点增益模型。

MATLAB 程序如下：

```
k=4;                    % 赋增益值,标量
z=[-8];                 % 赋零点值,向量
p=[-0.1 -0.5 -7];       % 赋极点值,向量
sys=zpk(z,p,k)
```

3. 系统状态空间模型描述

函数语法如下：

```
sys=ss(A, B, C, D, Ts)
```

其中：$\boldsymbol{A}$、$\boldsymbol{B}$、$\boldsymbol{C}$、$\boldsymbol{D}$ 分别为系统的状态矩阵、输入矩阵、输出矩阵和前馈矩阵；T_s 表示采样时间，缺省时描述的是连续系统。

4. 模型转换

模型转换函数分为两类。第一类函数是把其他类型的模型转换为本函数表示的模型：当函数语法为 tfsys＝tf(sys)时，表示将 sys 转换为 tf 多项式传递函数模型；当函数语法为 zsys＝zpk(sys)时，表示将 sys 转换为 zpk 零极点传递函数模型；当函数语法为 sys_ss＝ss(sys)时，表示将 sys 转换为 ss 状态空间模型。

第二类函数是把本类型模型的参数转换为其他类型模型的参数：当函数语法为[num, den]＝zp2tf(z, p, k)时，表示将 zpk 模型参数转换为 tf 模型参数；当函数语法为[z, p, k]＝tf2zp(num, den)时，表示将 tf 模型参数转换为 zpk 模型参数；当函数语法为[A, B, C, D]＝tf2ss(num, den)时，表示将 tf 模型参数转换为 ss 模型参数；当语法函数为[num, den]＝ ss2tf(A,B,C,D, i)时，表示将 ss 模型参数转换为 tf 模型参数，其中 i 为第 i 路输入对应的传递函数；当语法函数为[A, B, C, D]＝zp2ss(z, p, k)时，表示将 zpk 模型参数转换为 ss 模型参数；当语法函数为[z, p, k]＝ss2zp(A,B,C,D, i)时，表示将 ss 模型参数转换为 zpk 模型参数，其中 i 为第 i 路输入对应的传递函数；当语法函数为 sysT＝ss2ss(sys, T)时，表示将指定系统 sys 经矩阵 $\boldsymbol{T}$ 进行非奇异线性变换得到相似系统 sysT。

例 3-4 将系统传递函数 $G(s)=\dfrac{s^2+5s+6}{s^3+2s^2+s}$ 转化为部分分式展开式。

MATLAB 程序如下：

```
num=[1,5,6];den=[1,2,1,0];
[r,p,k]=residue(num,den)
```

运行以上程序，可得结果为：分子系数向量 $\boldsymbol{r}=[-5,-2,6]$；分母系数向量 $\boldsymbol{p}=[-1,-1,0]$；商(即余数向量) $\boldsymbol{k}=0$。

例 3-5 已知系统传递函数

$$G(s)=\frac{s+4}{s^3+3s^2+2s}$$

求其等效的零极点模型。

MATLAB 程序如下：

```
num=[1,4];den=[1,3,2,0];
[z,p,k]=tf2zp(num,den);
sys=zpk(z,p,k)
```

5. 系统连接

(1) 环节的并联。

函数语法如下：

```
sys=parallel(sys1, sys2)
```

(2) 环节的串联。

函数语法如下：

```
sys=series(sys1, sys2)
```

例 3-6 已知三个模型的传递函数为

$$G_1(s)=\frac{5}{s^2+2s+5}$$

$$G_2(s)=\frac{s+10}{2s}$$

$$G_3(s)=\frac{7}{4s+32}$$

试求这三个模型串联后的等效传递函数模型。

MATLAB 程序如下：

```
num1=[5];den1=[1 2 5];
num2=[1 10];den2=[2 0];
num3=[7];den3=[4 32];
[num0,den0]=series(num1,den1,num2,den2);
[num,den]=series(num0,den0,num3,den3);
printsys(num,den)
```

(3) 反馈连接。

函数语法如下：

```
sys=feedback(sys1, sys2, sign)
```

其中：sys1 为前向通道传递函数；sys2 为反馈通道传递函数；sign 为反馈性质（正、负），sign 缺省时为负反馈，即 sign=−1。

例 3-7 已知系统传递函数为

$$G(s)=\frac{4s^2+5s+1}{2s^2+7s+3}$$

$$H(s)=\frac{5(s+3)}{2s+10}$$

求其负反馈闭环传递函数。

MATLAB 程序如下：

```
numG=[4 5 1];denG=[2 7 3];
numH=[5 15];denH=[2 10];
[num,den]=feedback(numG,denG,numH,denH);
printsys(num,den)
```

3.2　时域分析

1. 单位脉冲响应

函数语法 1：

```
y=impulse(sys, t)
```

函数语法 2：

```
impulse(num, den, t)
```

当不带输出变量 y 时，impulse()函数可直接绘制脉冲响应曲线。t 用于设定仿真时间，可缺省。

例 3-8　控制系统的传递函数为

$$\Phi(s)=\frac{s+6}{s^2+5s+64}$$

请绘出其单位脉冲响应曲线。

MATLAB 程序如下：

```
num=[1 6];den=[1 5 64];
sys=tf(num,den)
impulse(sys,2)
hold on
step(sys,2)
hold off
```

2. 单位阶跃响应

函数语法 1：

```
y=step(sys1, sys2,..., t)
```

函数语法 2：

```
step(num, den, t)
```

当不带输出变量 y 时，step()函数可直接绘制系统 sys1 到系统 sys$n$ 的单位阶跃响应曲线。t 用于设定仿真时间，可缺省。

例 3-9 单位负反馈系统的前向通道传递函数为

$$G(s)=\frac{12s+1}{s^3+2s^2+7s}$$

求单位阶跃响应曲线。

MATLAB 程序如下：

```
sys=tf([12 1],[1 2 7 0]);
sysc=feedback(sys,1);
step(sysc)
```

例 3-10 已知系统的闭环传递函数为

$$\Phi(s)=\frac{10(s+3)}{(s+5)(s^2+2s+4)}$$

请编写 MATLAB 程序，求系统单位阶跃响应。

MATLAB 程序如下：

```
num1=conv([0 5],conv([1 3]));
den1=conv([1 5],[1 2 4]);
step(num1,den1)
```

3. 任意输入响应

函数语法 1：

```
y=lsim(sys, u, t, x0)
```

函数语法 2：

```
y=lsim(num, den, u, t, x0)
```

当不带输出变量 y 时，lsim 函数可直接绘制响应曲线。其中：u 表示任意输入信号；x_0 用于设定初始状态，缺省时为 0；t 用于设定仿真时间，可缺省。

例 3-11 当输入信号为 $u(t)=10t+5t^2$ 时，求系统传递函数 $G(s)=\frac{10}{s^3+3s^2+2s+1}$ 的输出响应曲线。

MATLAB 程序如下：

```
num=10;den=[1 3 2 1];G=tf(num,den);
t=[0:0.1:20];u=10*t+5*t.^2;
```

```
lsim(G,u,t),hold on,plot(t,u,'r');grid on;
```

4. 零输入响应

函数语法如下：

```
y=initial(sys, x0, t)
```

当不带输出变量 y 时，initial()函数可直接绘制响应曲线。其中：sys 必须为状态空间模型；x_0 用于设定初始状态，缺省时为 0；t 用于设定仿真时间，可缺省。

5. 稳定性分析

在 MATLAB 中可以调用 roots()函数求系统的闭环特征根，进而判断系统的稳定性。

函数语法如下：

```
p=roots(den)
```

其中：den 为闭环系统特征多项式降幂排列的系数向量；p 为特征根。

例 3-12　已知系统闭环传递函数为 $\Phi(s)=\dfrac{10(s+2)}{(s+4)(s^2+2s+2)}$，将原极点 $s=-4$ 修改为 $s=0.5$，求特征根，并得到单位阶跃响应，观察稳定性。

MATLAB 程序如下：

```
num2=conv(10,[1 2]);
den1=conv([1 -0.5],[1 2 2]);
den2=conv([1 4],[1 2 2]);
roots(den1)
roots(den2)
step(num2,den1)
step(num2,den2)
```

6. 基于 Simulink 的控制系统稳态误差分析

(1) 启动 Simulink。在 MATLAB 命令行窗口输入命令“Simulink”并回车，或者在 MATLAB 中打开主菜单“File”，选择命令“New”下的子命令“Model”。

(2) 使用功能模块组。用鼠标单击模块图标，即选中该模块。双击模块图标，即打开该模块的子窗口，用于选择需要的模块，也可单击模块图标前的“+”号。

(3) 创建结构图文件。在 Simulink 中打开主菜单“File”，选择命令“New”，打开名为 Untitled 的结构图模型窗口。

(4) 结构图模型程序设计。在 Simulink 功能模块组中，激活(双击)信号源模块组“Sources”，选中(单击)信号单元，如阶跃信号模块“Step”，拖动到结构图模型窗口释放为相应图标。

(5) 在结构图模型窗口的主菜单中选择“Simulation”下的命令“Paremeters”，设置仿真参数，如仿真开始时间、结束时间、步长等。

(6) 在结构图模型窗口的主菜单中选择“Simulation”下的命令“Start”，启动仿真，再双击示波器模块图标，即可观察到系统仿真的结果。

3.3 根轨迹分析

1. 绘制零点、极点分布图

函数语法 1：

```
[p, z]=pzmap(sys)
```

函数语法 2：

```
[p, z]=pzmap(num, den)
```

计算所有零点、极点并作图。当不带输出变量[p, z]时，pzmap 命令可直接在复平面内标出传递函数的零点、极点，极点用“x”表示，零点用“o”表示。

例 3-13 已知系统的开环传递函数为

$$G(s)H(s)=\frac{s^3+2s^2+5s+5}{(s+2)(s+10)(s^2+2s+6)}$$

请绘制系统的零点、极点图。

MATLAB 程序如下：

```
num=[1 2 5 5];
den=conv([1,2],conv([1 10],[1 2 6]));
pzmap(num,den)
```

2. 绘制根轨迹图

函数语法 1：

```
rlocus(G)
```

函数语法 2：

```
rlocus(num, den)
```

例 3-14 若已知系统的开环传递函数为

$$G(s)H(s)=\frac{K(s+2)}{s(s+3)(s+4)}$$

请绘制控制系统的根轨迹图。

MATLAB 程序如下：

```
K=1;z=[-2];p=[0 -3 -4];
[num,den]=zp2tf(z,p,K);
rlocus(num,den),grid
```

3. 绘制指定系统的根轨迹

函数语法 3：

```
rlocus(G1, G2, …)
```

表示多个系统根轨迹绘于同一图上。

函数语法 4：

```
rlocus(G,K)
```

表示绘制指定系统的根轨迹，K 为给定取值范围的增益向量。

函数语法 5：

```
[r, K]=rlocus(G)
```

函数语法 6：

```
[r, K]=rlocus(num, den)
```

表示返回根轨迹参数，计算所得的闭环根 r（矩阵）和对应的开环增益 K（向量），不作图。

例 3-15　已知一负反馈系统的开环传递函数为

$$G(s)H(s)=\frac{Ks(s+7)}{s(s+8)(s+9)}$$

请绘制其根轨迹图，并确定根轨迹的分离点与相应的增益 K。

MATLAB 程序如下：

```
K=1;z=[0 -7];p=[0 -8 -9];
[num,den]=zp2tf(z,p,K);
rlocus(num,den),grid
```

4. 绘制等阻尼比线和等自然角频率线函数

函数语法 1：

```
sgrid
```

在零极点图或根轨迹图上绘制等阻尼线或等自然角频率线。阻尼线间隔为 0.1，范围为 0～1，自然振荡角频率间隔为 1 rad/s，范围为 0～10。

函数语法 2：

```
sgrid(z, wn)
```

按指定的阻尼比值 z 和自然振荡角频率值 ω_n 在零极点图或根轨迹图上绘制等阻尼线和等自然振荡角频率线。

5. 根轨迹分析

函数语法 1：

```
[K, r]=rlocfind(G)
```

函数语法 2：

```
[K, r]=rlocfind(num, den)
```

交互式选取根轨迹增益。执行该命令后，图中出现一个“＋”形光标，用此光标在根轨迹图上单击一个极点，即可返回该点增益 K 对应的所有闭环极点值。

注意：在该函数执行前需先用 rlocus() 函数绘制系统的根轨迹。

函数语法 3：

```
[K, r]=rlocfind(G, P)
```

返回极点 P 所对应的根轨迹增益 K 及该 K 值所对应的全部极点值。

6. 利用根轨迹法校正系统

设计步骤如下。

（1）建立未校正系统传递函数，打开控制系统设计器窗口。

（2）设置校正约束条件。在打开的根轨迹区域单击鼠标右键，打开快捷菜单，选择“Design Requirements”→“New”，打开设计要求设置对话框，在“Design requirement type”下拉列表中选择“Damping ratio”，设置阻尼比后单击“OK”按钮确认。采用同样的方式设置自然频率“Natural frequency”。

（3）设置补偿器传递函数。在“Control System”选项卡中单击主菜单“Preference”，在“Options”选项卡中选择零极点形式。

（4）添加补偿器的零极点。

（5）校正后观察系统性能指标，单击主菜单中的“Analysis”→“New plot”命令，根据需要选择待观察性能的图形。

3.4　频域分析

1. 伯德图(对数幅频特性图)

伯德图的函数语法有以下三种。

函数语法 1：

```
[mag, phase, w]=bode(sys)
```

函数语法 2：

```
[mag, phase, w]=bode(num, den)
```

如果缺省输出变量，则可直接绘制伯德图；否则只计算指定系统的幅值和相角，并将结果分别存放在向量 mag 和 phase 中，$\boldsymbol{w}$ 为对应的角频率点矢量。

注意：由 bode()函数得到的幅值并不是以 dB 为单位，相角以度为单位。

函数语法 3：

```
[mag, phase, w]=bode(a, b, c, d, iu)
```

计算以状态方程表示的系统的第 i_u 个输入到所有输出的幅值和相角，并将结果分别存放在向量 mag 和 phase 中。i_u 缺省时计算系统每一个输入到输出的幅值和相角。

例 3-16　已知控制系统的开环传递函数，请绘制其伯德图。

$$G(s)H(s)=\frac{5}{s^2+5s+10}$$

解　MATLAB 程序如下：

```
num=[5];den=[1 5 10];
bode(num,den)
```

2. 求幅值裕度与相角裕度

函数语法为：

```
[Gm, Pm, Wcg, Wcp]=margin(sys)
```

绘制指定系统的伯德图，并计算出幅值裕度 G_m、相角裕度 P_m 及其对应的截止频率 ω_{cg} 和穿越频率 ω_{cp}。

注意：由 margin 算出的幅值裕度的单位为 dB。

例 3-17 已知单位负反馈系统的开环传递函数为

$$G(s)=\frac{5(s+4)}{(s+1)(s+2)(s+3)}$$

求系统的稳定裕度。

解 MATLAB 程序如下：

```
k=5;z=[-4];p=[-1 -2 -3];
[num,den]=zp2tf(z,p,k);
margin(num,den)
```

例 3-18 系统开环传递函数为

$$G(s)=\frac{k}{(0.1s+1)(0.5s+1)(0.8s+1)}$$

当 k 取不同的值时，分析系统的稳定性，并找出系统临界稳定时的增益 K_c。

解 令 $K=1$，MATLAB 程序如下：

```
num=1;d2=[0.1 1];d3=[0.5 1];d4=[0.8 1];
den=conv(d2,conv(d3,d4));
margin(num,den)
```

由插值函数 spline()确定系统稳定的临界增益，程序如下：

```
[m,p,w]=bode(num,den);
wi=spline(p,w,-180);
mi=spline(w,m,wi);
k= 1/mi
```

3. Nyquist 图(幅相特性图、极坐标图)

函数语法 1：

```
[re, im, w]=nyquist(sys)
```

函数语法 2：

```
[re, im, w]=nyquist(num, den)
```

如果缺省输出变量，则可直接绘制 Nyquist 图；否则只计算频率特性的实部和虚部。

函数语法 3：

```
[re, im, w]=nyquist(a, b, c, d, iu)
```

计算以状态方程表示的系统从第 i_u 个输入到所有输出的实频特性和虚频特性，i_u 缺省时，计算系统的每一个从输入到输出频率特性的实部和虚部；如果缺省输出变量，则直接将多个 Nyquist 图绘制在一个图内。

函数语法 4：

```
[re, im]=nyquist(sys, w)
```

函数语法 5：

```
[re, im]=nyquist(num, den, w)
```

函数语法 6：

```
[re, im]=nyquist(a, b, c, d, iu, w)
```

用指定的角频率矢量 w 计算系统频率特性的实部和虚部。

例 3-19　系统的开环传递函数为

$$G(s)=\frac{10}{s^3+5s^2+10s+100}$$

请绘制其奈氏图。

解　MATLAB 程序如下：

```
num=10;den=[1 5 10 100];
w=0:0.1:100;
nyquist(num,den,w)
```

例 3-20　已知

$$G(s)H(s)=\frac{10}{s^3+10s^2+5s+1}$$

绘制其奈氏图，并判定系统的稳定性。

解　MATLAB 程序如下：

```
num=10;den=[1 10 5 1];
nyquist(num,den)
```

4. Nichols 图（尼科尔斯图）

函数语法 1：

```
[mag, phase, w]=Nichol (sys)
```

函数语法 2：

```
[mag, phase, w]=Nichol(num, den)
```

如果缺省输出变量，则可直接绘制 Nichols 图。

3.5 离散系统分析

1. 连续系统的离散化

函数语法 1：

```
sysd=c2d(sys, Ts,'zoh')
```

函数语法 2：

```
sys=d2c(sysd,'zoh')
```

c2d()函数将连续系统模型 sys 转换成离散系统模型 sysd，d2c()函数将离散系统模型转换成连续系统模型。其中，T_s 表示离散化采样时间；'zoh'表示采用零阶保持器，可缺省。

2. 离散系统模型

描述离散系统模型的函数与连续系统模型的函数相同，但在函数语法中，采样时间 T_s 不能缺省，参见第 3.1 节。

3. 离散系统时域分析

impulse()函数、step()函数、lsim()函数和 initial()函数可以用来仿真计算离散系统的响应。

3.6 现代控制理论

1. 可控、可观性分析

函数语法 1：

```
S=ctrb(A, B)
```

表示计算系统的可控性矩阵 $\boldsymbol{S}$。

函数语法 2：

```
V= obsv(A, C)
```

表示计算系统的可观性矩阵 **V**。

函数语法3：

```
n= rank(A)
```

表示计算矩阵 **A** 的秩。

2. 可控、可观性结构分解

函数语法1：

```
[Ac, Bc, Cc, T]=ctrbf(A, B, C)
```

函数语法2：

```
[Ao, Bo, Co, T]=obsvf(A, B, C)
```

其中：A_c、B_c、C_c 为可控性分解后的系数矩阵；A_o、B_o、C_o 为可观性分解后的系数矩阵；T 为变换矩阵。

3. 最小实现

函数语法1：

```
sysr=minreal(sys)
```

求系统的最小实现，即将指定系统 sys 进行规范分解后的可控且可观子系统 sysr。

李雅普诺夫稳定性分析函数语法如下：

```
e= eig(A)
```

求矩阵 **A** 的特征值。所有特征值均为负实部是系统唯一平衡态渐进稳定的充要条件（李雅普诺夫第一法）。

函数语法2：

```
P=lyap(A', Q)
```

求李雅普诺夫矩阵方程 $ATP+PA=-Q$ 的解，P、Q 为选择的正定或半正定矩阵。P 为正定矩阵是系统渐进稳定的充要条件。

4. 系统极点配置

函数语法1：

```
K=acker(A, b, P)
```

函数语法2：

```
K=place(A, B, P)
```

按希望配置的极点位置 P 计算状态反馈矩阵 $\boldsymbol{K}$。acker()函数用于单输入/单输出系统，而 place()函数用于多输入/多输出系统。

5. 代数黎卡提方程求解

函数语法：

```
[P, l, g]=care(A, B, Q, R)
```

P 为黎卡提方程 $\boldsymbol{ATP}+\boldsymbol{PA}-\boldsymbol{PBR}-1\boldsymbol{BTP}+\boldsymbol{Q}=\boldsymbol{0}$ 的解。

6. 最优调节器设计

函数语法：

```
[K, P, e]=lqr (A, B, Q, R)
```

$\boldsymbol{K}$ 为状态反馈矩阵，P 为黎卡提方程的解，e 为最优闭环系统的特征根。

7. 最优输出调节器设计

函数语法：

```
[K, P, e]=lqry (A, B, C, D, Q, R)
```

$\boldsymbol{K}$ 为状态反馈矩阵，P 为黎卡提方程的解，e 为最优闭环系统的特征根。

第4章

自动控制原理实验设计

4.1 典型环节模拟与控制系统的数学模型构建

1. 实验目的

(1) 掌握以运算放大器为核心的电路构成以及各种常用典型环节的方法。

(2) 熟悉各典型环节的阶跃响应特性、测量各典型环节的阶跃响应曲线,并了解参数变化对其动态特性的影响。

(3) 掌握使用 MATLAB 建立控制系统数学模型的命令、使用 MATLAB 命令化简模型基本连接的方法,以及使用 Simulink 结构图模型化简复杂控制系统模型的方法。

2. 实验设备

(1) 模拟电路实验平台。

(2) PC 一台(含实验软件)。

3. 实验内容

(1) 设计并组建各典型环节的模拟电路:使用运算放大器构成比例环节、惯性环节、积分环节、比例积分环节、比例微分环节和比例积分微分环节。

(2) 在阶跃输入信号的作用下，记录各环节的输出波形，写出输入/输出之间的时域数学关系；调整电路参数实现各环节的参数变化，观察和分析各典型环节的阶跃响应曲线，分析各项电路参数对典型环节动态特性的影响。

(3) 利用 PC 中的 MATLAB 软件完成控制系统模型的建立、控制系统模型间相互转换函数的调用、简单连接模型等效函数的传递，使用 Simulink 结构图模型化简控制系统模型。

4. 实验步骤

按照搭电路→定参数→调输入→加激励→测响应的步骤进行实验。

(1) 比例环节。

根据第 2 章中比例环节的方框图，选择实验台上的电路单元设计并组建相应的模拟电路，如图 4-1 所示。

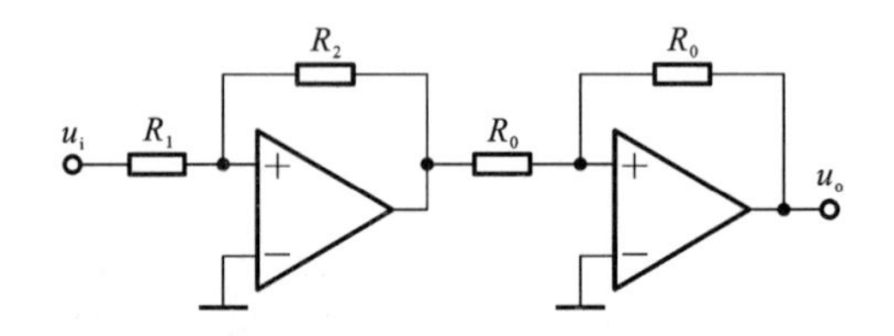

图 4-1 比例环节模拟电路图

图 4-1 中的后一个单元为反相器。R_2 与 R_1 的比值为比例系数 K，若取 $R_1=100\ \text{k}\Omega$，当比例系数 $K=1$ 时，电路中的 R_2 参数需为 100 kΩ，当比例系数 $K=2$ 时，电路中的 R_2 参数需为 200 kΩ。

当输入为单位阶跃信号时，观测并记录相应 K 值的实验曲线，并与理论值进行比较。若要实现比例系数为任意设定值，R_2 可使用可变电位器。比例环节阶跃响应及其特性参数数据记录如表 4-1 所示。

表 4-1 比例环节阶跃响应及其特性参数数据记录表

比例环节电路的参数	K 的理论值	K 的实测值	传递函数 $G(s)$	阶跃响应曲线
$R_1=100\ \text{k}\Omega$，$R_2=100\ \text{k}\Omega$				
$R_1=100\ \text{k}\Omega$，$R_2=200\ \text{k}\Omega$				

(2) 惯性环节。

根据惯性环节的方框图，选择实验台上的电路单元设计并组建其相应的模拟电路，如图 4-2 所示。

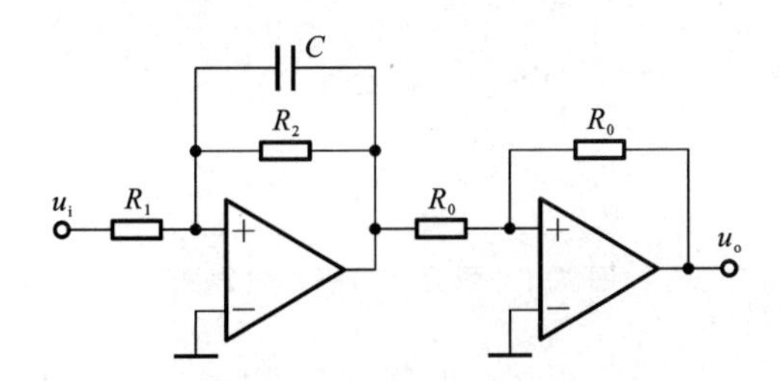

图 4-2　惯性环节模拟电路图

图 4-2 中的后一个单元为反相器。比例系数由 R_2/R_1 确定，时间常数 T 由 R_2C 确定。

当电路中的 R_1 参数取 100 kΩ、比例系数 $K=1$、时间常数 $T=1$ s 时，$R_2=100$ kΩ、$C=10$ μF；当比例系数 $K=1$、时间常数 $T=1$ s 时，$R_2=100$ kΩ、$C=1$ μF；当比例系数 $K=2$、时间常数 $T=1$ s 时，$R_2=200$ kΩ、$C=10$ μF；当比例系数 $K=2$、时间常数 $T=1$ s 时，$R_2=200$ kΩ、$C=1$ μF。

通过改变 R_2、R_1、C 的值，可改变惯性环节的比例系数 K 和时间常数 T。

当输入为单位阶跃信号时，观测及记录不同 K 与 T 值时的实验曲线，并与理论值进行比较。惯性环节阶跃响应及其特性参数数据记录如表 4-2 所示。

表 4-2　惯性环节阶跃响应及其特性参数数据记录表

惯性环节电路的参数	理论值		实测值		传递函数 $G(s)$	阶跃响应曲线
	K	T	K	T		
$R_2=R_1=100$ kΩ，$C=10$ μF						
$R_2=R_1=100$ kΩ，$C=1$ μF						
$R_1=100$ kΩ，$R_2=200$ kΩ，$C=10$ μF						
$R_1=100$ kΩ，$R_2=200$ kΩ，$C=1$ μF						

(3) 积分环节。

根据第 2 章中积分环节的方框图，选择实验台上的电路单元设计并组建相应的模拟电路，如图 4-3 所示。

由图 4-3 可知，积分时间常数 $T=RC$，若 R 取 100 kΩ，要使得积分时间常数 $T=1$ s，

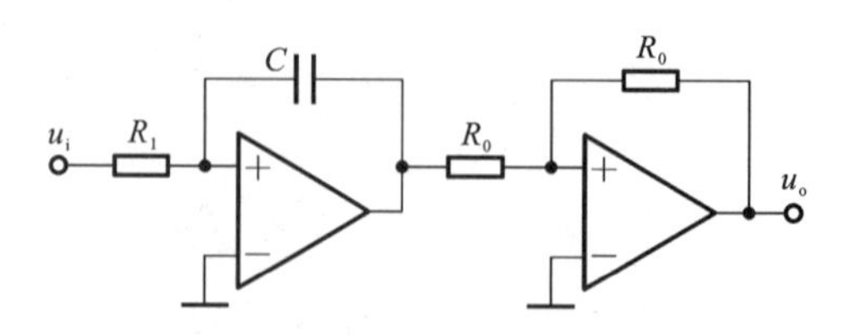

图 4-3　积分环节模拟电路图

则电路中的 C 参数取 10 μF；要使得积分时间常数 $T=0.1$ s，则电路中的 C 参数取 1 μF；要使得积分时间常数 $T=0.01$ s，则电路中的 C 参数取 0.1 μF。

我们还可根据需要取不同的 C 值，以得到不同的 T 值。

当输入为单位阶跃信号时，观测及记录相应 T 值的输出响应曲线，并与理论值进行比较。积分环节阶跃响应及其特性参数数据记录如表 4-3 所示。

表 4-3　积分环节阶跃响应及其特性参数数据记录表

积分环节电路的参数	T 的理论值	T 的实测值	传递函数 $G(s)$	阶跃响应曲线
$R=100$ kΩ，$C=10$ μF				
$R=100$ kΩ，$C=1$ μF				
$R=100$ kΩ，$C=0.1$ μF				

（4）比例积分环节。

根据比例积分环节的方框图，选择实验台上的电路单元设计并组建相应的模拟电路，如图 4-4 所示。

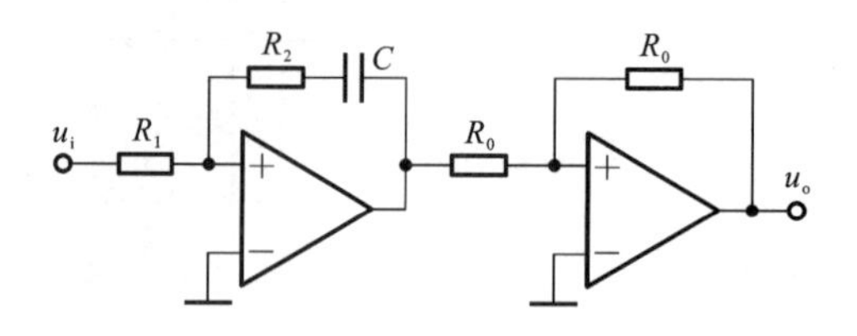

图 4-4　比例积分环节模拟电路图

由图 4-4 可知，比例系数由 $K=R_2/R_1$ 确定、积分时间常数由 $T=R_2C$ 确定。若 R_1 取 100 kΩ、R_2 取 100 kΩ，则有比例系数 $K=1$，要使得积分时间常数 $T=1$ s，则电路中的 C 参数取 10 μF；要使得积分时间常数 $T=0.1$ s，则电路中的 C 参数取 1 μF；要使得积分时间常数 $T=0.01$ s，则电路中的 C 参数取 0.1 μF。若 R_1 取 200 kΩ、R_2 取 100 kΩ，则有比

例系数 $K=0.5$，要使得积分时间常数 $T=1$ s，则电路中的 C 参数取 10 μF；要使得积分时间常数 $T=0.1$ s，则电路中的 C 参数取 1 μF；要使得积分时间常数 $T=0.01$ s，则电路中的 C 参数取 0.1 μF。

我们还可通过改变 R_2、R_1、C 的值来改变比例积分环节的比例系数 K 和积分时间常数 T。

当输入为单位阶跃信号时，观测及记录不同的 K 值与 T 值的实验曲线，并与理论值进行比较。比例积分环节阶跃响应及其特性参数数据记录如表4-4所示。

表4-4 比例积分环节阶跃响应及其特性参数数据记录表

比例积分环节电路的参数	理论值		实测值		传递函数 $G(s)$	阶跃响应曲线
	K	T	K	T		
$R_2=R_1=100$ kΩ，$C=10$ μF						
$R_2=R_1=100$ kΩ，$C=1$ μF						
$R_2=R_1=100$ kΩ，$C=0.1$ μF						
$R_2=100$ kΩ，$R_1=200$ kΩ，$C=10$ μF						
$R_2=100$ kΩ，$R_1=200$ kΩ，$C=1$ μF						
$R_2=100$ kΩ，$R_1=200$ kΩ，$C=0.1$ μF						

（5）比例微分环节。

根据比例微分环节的方框图，选择实验台上的电路单元设计并组建其相应的模拟电路，如图4-5所示。

由图4-5可知，比例系数由式 $K=R_2/R_1$ 确定，微分时间常数由式 $T=R_1C$ 确定。若 R_1 取 100 kΩ、R_2 取 100 kΩ，则有比例系数 $K=1$，要使得微分时间常数 $T=1$ s，则电路中的 C 参数取 10 μF；要使得微分时间常数 $T=0.1$ s，则电路中的 C 参数取 1 μF；要使得微分时间常数 $T=0.01$ s，则电路中的 C 参数取 0.1 μF。若 R_1 取 100 kΩ、R_2 取 200 kΩ，则有比例系数 $K=2$，要使得微分时间常数 $T=1$ s，则电路中的 C 参数取 10 μF；要使

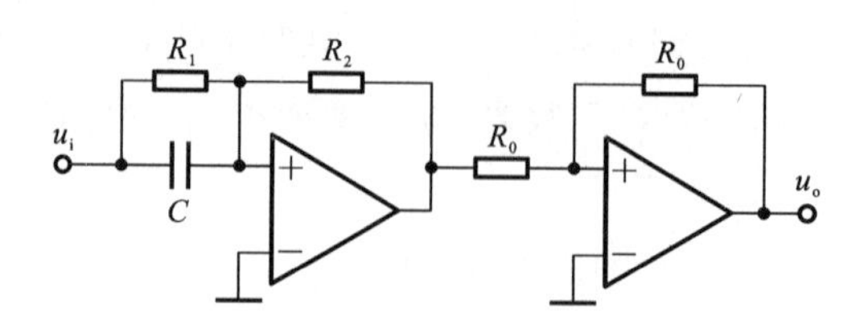

图 4-5 比例微分环节模拟电路图

得微分时间常数 $T=0.1$ s，则电路中的 C 参数取 1 μF；要使得微分时间常数 $T=0.01$ s，则电路中的 C 参数取 0.1 μF。

我们还可通过改变 R_2、R_1、C 的值来改变比例微分环节的比例系数 K 和微分时间常数 T。

当输入为单位阶跃信号时，观测及记录不同 K 值与 T 值时的实验曲线，并与理论值进行比较。比例微分环节阶跃响应及其特性参数数据记录如表 4-5 所示。

表 4-5 比例微分环节阶跃响应及其特性参数数据记录表

比例微分环节电路的参数	理论值		实测值		传递函数 $G(s)$	阶跃响应曲线
	K	T	K	T		
$R_2=R_1=100$ kΩ，$C=10$ μF						
$R_2=R_1=100$ kΩ，$C=1$ μF						
$R_2=R_1=100$ kΩ，$C=0.1$ μF						
$R_2=200$ kΩ，$R_1=100$ kΩ，$C=10$ μF						
$R_2=200$ kΩ，$R_1=100$ kΩ，$C=1$ μF						
$R_2=200$ kΩ，$R_1=100$ kΩ，$C=0.1$ μF						

（6）比例积分微分环节。

根据比例积分微分环节的方框图，选择实验台上的电路单元设计并组建其相应的模拟电路，如图 4-6 所示。

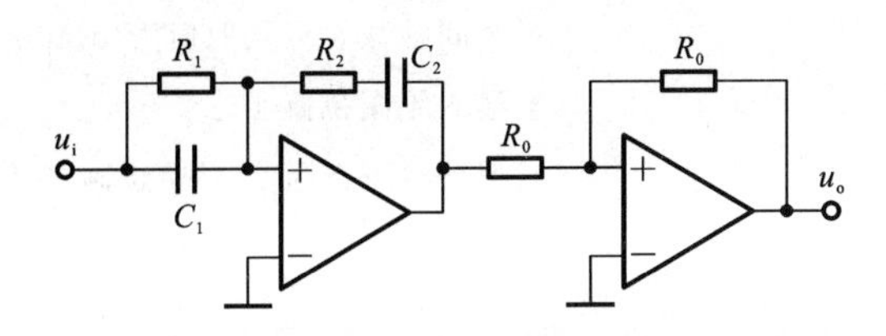

图 4-6　比例积分微分环节模拟电路图

由图 4-6 可知，比例系数 $K=(R_1C_1+R_2C_2)/R_1C_2$，积分时间常数 $T_I=R_1C_2$，微分时间常数 $T_D=R_2C_1$。若比例系数 $K=2$、积分时间常数 $T_I=0.1$ s、微分时间常数 $T_D=0.1$ s，则电路中的参数取 $R_1=100$ kΩ、$R_2=100$ kΩ、$C_1=1$ μF、$C_2=1$ μF；若比例系数 $K=1.1$、积分时间常数 $T_I=1$ s、微分时间常数 $T_D=0.1$ s，则电路中的参数取 $R_1=100$ kΩ、$R_2=100$ kΩ、$C_1=1$ μF、$C_2=10$ μF。

当输入为单位阶跃信号时，观测及记录不同 K、T_I、T_D 值的实验曲线，并与理论值进行比较。比例积分微分环节阶跃响应及其特性参数数据记录如表 4-6 所示。

表 4-6　比例积分微分环节阶跃响应及其特性参数数据记录表

比例积分微分环节电路的参数	理论值			实测值			传递函数 $G(s)$	阶跃响应曲线
	K	T_I	T_D	K	T_I	T_D		
$R_1=100$ kΩ，$R_2=100$ kΩ，$C_1=1$ μF、$C_2=1$ μF								
$R_1=100$ kΩ，$R_2=100$ kΩ，$C_1=1$ μF、$C_2=10$ μF								

(7) 典型环节的 MATLAB 实现与分析。

利用 MATLAB 中的控制工具箱，可以方便对典型环节或线性连续系统的时域响应进行仿真分析。时域仿真一般需先在 MATLAB 中建立控制系统的数学模型，再调用相关的 MATLAB 函数或命令计算输出响应，并绘制时域波形图。

在 MATLAB 中建立控制系统数学模型的方法有很多种。可以采用数组 num()、den() 分别存储传递函数中分子多项式 $B(s)$ 和分母多项式 $A(s)$ 中的各项系数，再使用命令 sys=tf(num, den)建立传递函数模型。

计算阶跃响应并绘制时域波形的命令为 step(sys)，以惯性环节 $G(s)$ 为例，若要仿真分析 $K=1$，T 分别为 0.1、0.5 和 1 时惯性环节的单位阶跃响应，则可以在 MATLAB 的命令窗口输入如下代码：

```
clear                          %% 内存变量值清零
K=1;                           %% 开环增益 K 取值为 1
```

```
T=[0.1,0.5,1];                    %% 时间常数 T 分别取值为 0.1、0.5、1
figure(1);                        %% 建立绘图视窗 1
hold on;                          %% 保持绘图视窗 1,以便绘制多条曲线
num=[K]; for T1=T;
den=[T1,1];
sys=tf(num, den);                 %% 定义系统 sys 的传递函数
step(sys)                         %% 计算系统 sys 的单位阶跃响应并绘图
end
grid                              %%  绘制坐标网格线
```

运行以上程序，可以得到惯性环节的时间常数 T 取不同值时的阶跃响应曲线，如图 4-7 所示。

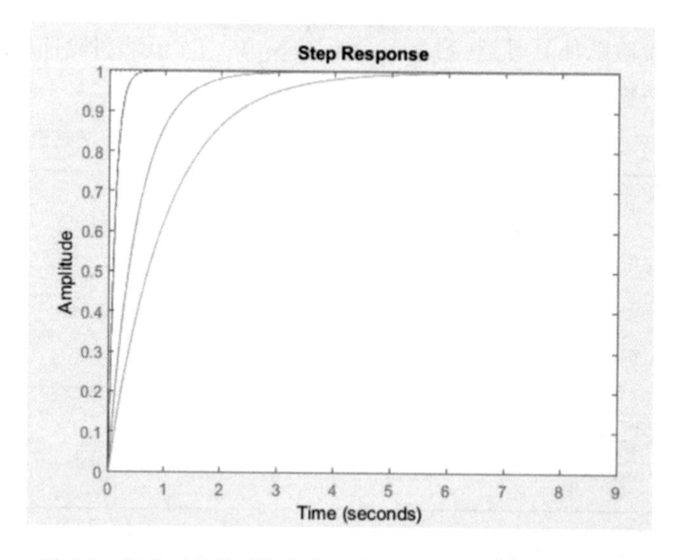

图 4-7　惯性环节的时间常数 T 取不同值时的阶跃响应曲线

类似地，容易得到其他典型环节的阶跃响应曲线。将仿真的阶跃响应曲线与前面实验所测得的响应曲线进行比较，看是否一致。

(8) 利用梅森公式实现以下目标。

已知系统结构如图 4-8 所示，其中 $G_1(s)=\frac{1}{s+1}$，$G_2(s)=\frac{5}{s+2}$，求系统闭环传递函数 $\Phi(s)=\frac{C(s)}{R(s)}$。

MATLAB 程序实现如下：

```
syms s G1 G2 phi;                   %  建立符号对象
G1=1/(s+1);G2=5/(s+2);              %  写出 G1、G2 的传递函数
phi=factor(((G1+1) *G2)/(1+2 *G1+G1 *G2))
```

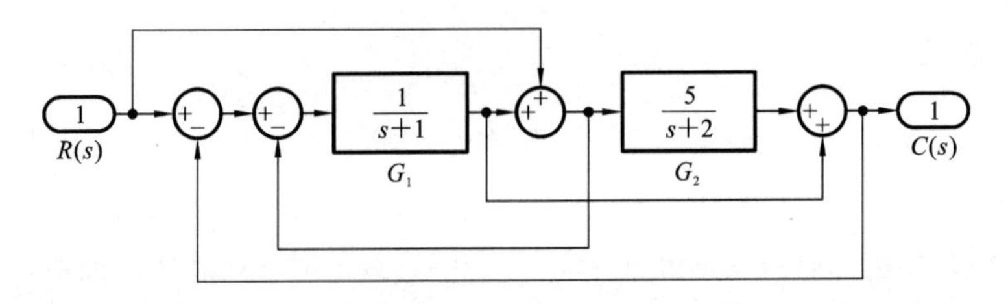

图 4-8　系统结构图

程序运行结果如下：

$$\Phi(s)=\frac{C(s)}{R(s)}=\frac{5s+10}{s^2+5s+11}$$

5. 实验报告要求

(1) 绘制各典型环节的实验电路图，写出各典型环节的传递函数。

(2) 根据测得的典型环节单位阶跃响应曲线，分析参数变化对动态特性的影响。

(3) 编写 M 文件程序，完成简单连接模型的等效传递函数，并求出相应的零极点。

6. 拓展与思考

(1) 使用运算放大器模拟典型环节时，其传递函数是在什么假设条件下近似导出的？

(2) 为什么实验中的实际曲线与理论曲线有一定误差？利用 MATLAB 仿真，与实验中的实测数据和波形进行比较，分析其误差及产生的原因。

(3) 简述比例(P)环节、积分(I)环节、比例积分(PI)环节、比例微分(PD)环节、比例积分微分(PID)环节控制器的工作原理，并分析它们对改善系统性能的作用。

4.2　控制系统的瞬态响应

1. 实验目的

(1) 通过实验理解参数变化对二阶系统动态性能的影响。

(2) 掌握二阶系统动态性能的实验测试方法。

(3) 掌握使用 MATLAB 编程分析控制系统的单位脉冲响应、单位阶跃响应的方法。

2. 实验设备

同 4.1 节的实验设备。

3. 实验内容

(1) 观测和分析二阶系统的阻尼比分别在 $0<\zeta<1$、$\zeta=1$ 和 $\zeta>1$ 三种情况下的单位阶跃响应曲线;ζ 一定时,观测和分析二阶系统在不同 ω_n 时的响应曲线。

(2) 观测和分析三阶系统的开环增益 K 为不同数值时的阶跃响应曲线。

(3) 采用 MATLAB 编程绘出系统单位脉冲响应和单位阶跃响应曲线,准确读出其动态性能指标,并记录数据。

4. 实验步骤

1) 二阶系统

按照搭电路、定参数、调输入、加激励、测响应的步骤进行实验。本次实验采用的系统结构图如图 4-9 所示。

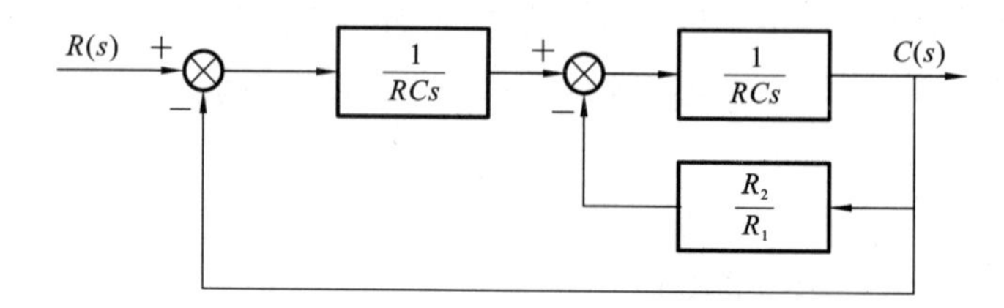

图 4-9　二阶控制系统的结构图

系统传递函数为

$$\frac{C(s)}{R(s)}=\frac{\frac{1}{(RC)^2}}{s^2+\left(\frac{R_2}{R_1}\times\frac{1}{RC}\right)s+\frac{1}{(RC)^2}}$$

而典型二阶控制系统传递函数的标准式为

$$\Phi(s)=\frac{C(s)}{R(s)}=\frac{\omega_n^2}{s^2+2\zeta\omega_n s+\omega_n^2}$$

式中:ζ 为系统的阻尼比;ω_n 为无阻尼自然频率。

将二阶系统模拟电路的闭环传递函数与典型二阶控制系统传递函数的标准式进行比较,可以得出:电路中的阻尼比 $\zeta=\frac{R_2}{2R_1}$,无阻尼自然频率 $\omega_n=\frac{1}{RC}$。

可见,比值 R_2/R_1 的大小决定了系统阻尼比 ζ 的值,RC 的值决定了无阻尼自然频率 ω_n 的值。在实验中,令 $R_1=R=100\ \mathrm{k\Omega}$,那么只需调节 R_2 或 C 的值就可以调节 ζ 和 ω_n,从而进行二阶系统的动态分析。

选择实验台上的电路单元设计并组建相应的模拟电路。

当 ω_n 值一定时,取 $C=1\ \mu\mathrm{F}$,$R=100\ \mathrm{k\Omega}$(此时 $\omega_n=10$),在系统中输入一单位阶跃信

号，在下列几种情况下观测并记录不同 ζ 值的实验曲线。若 $R_2=40\ \text{k}\Omega$、$\zeta=0.2$，则系统处于欠阻尼状态，其超调量约为53%；若 $R_2=141.4\ \text{k}\Omega$、$\zeta=0.707$，则系统处于欠阻尼状态，其超调量约为4.3%；若 $R_2=200\ \text{k}\Omega$、$\zeta=1$，则系统处于临界阻尼状态；若可调电位器 $R_2=400\ \text{k}\Omega$、$\zeta=2$，则系统处于过阻尼状态，研究二阶系统的动态响应。

当 ζ 值一定时，改变 ω_n，比较在相同 ζ 的情况下系统动态性能发生的变化，令 $C=0.1\ \mu\text{F}$，则 $\omega_n=100\ \text{rad/s}$，分别令 $R_2=40\ \text{k}\Omega$、$100\ \text{k}\Omega$、$200\ \text{k}\Omega$，则系统的阻尼比 $\zeta=0.2$、0.5、1，研究二阶系统的动态响应。

2）基于MATLAB编程分析控制系统的单位脉冲响应、单位阶跃响应方法

（1）若已知控制系统的传递函数为

$$\Phi(s)=\frac{10}{s^2+3s+10}$$

试绘出其单位脉冲响应曲线和单位阶跃响应曲线，准确读出其动态性能指标，并记录数据。

单位脉冲响应的MATLAB程序如下：

```
num=[10];den=[1 5 10];
sys1=tf(num,den)
impulse(sys1,2)
hold on
```

单位阶跃响应的MATLAB程序如下：

```
sys=tf(10,[1 3 0]);
sysc=feedback(sys,1);
step(sysc)
```

运行以上程序，可得到系统的单位脉冲响应曲线和单位阶跃响应曲线。

从单位阶跃响应曲线图中可准确读出系统的动态性能指标，并记录数据。

用鼠标在曲线上单击相应的点，读出该点的坐标值，然后根据二阶系统动态性能指标的含义，计算出动态性能指标的值。也可以启用软件自动标记数据功能，在单位阶跃响应曲线图中利用快捷菜单中的命令，可以在曲线对应的位置自动显示动态性能指标的值。在曲线图中的空白区域单击鼠标右键，在快捷菜单中选择"Character"命令后，可以显示动态性能指标"Peak Response"（超调量 M_p）、"Settling Time"（调节时间 t_s）、"Rise Time"（上升时间 t_r）和"Steady State"（稳态）值，将它们全部选中后，曲线图上就在4个位置出现了相应的点，单击后，相应的性能值就会显示出来。

系统默认显示当误差范围为2%时的调节时间，若要显示误差范围为5%时的调节时间，可以单击鼠标右键弹出快捷菜单，选择"Properties"命令，在"Option"选项卡的"Show settling time within"的文本框中可以设置调节时间的误差范围为2%或5%。

（2）一阶系统的单位斜坡响应仿真程序如下：

```
clear                                  %% 内存变量值清零
K=1;                                   %% 给开环增益 K 赋值
T1=0.1; T2=1;                          %% 给一阶系统的时间常数 T 赋值
G1=tf([K], [T1, 1]); G2=tf([K], [T2, 1]);
t=0:0.1:10;                            %% 仿真时长为 10 s,步长为 0.1 s
r=t;                                   %% 定义单位斜坡信号 r
y1=lsim(G1,r,t);                       %% 计算系统 G1 输入为 r 时的输出响应 y1
y2=lsim(G2,r,t);                       %% 计算系统 G2 输入为 r 时的输出响应 y2
plot(t,r)                              %% 绘制输入信号曲线
hold on;
plot(t,y1, '-.r')                      %% 用红色虚线绘制 y1 曲线
plot(t,y2, '--b')                      %% 用蓝色点划线绘制 y2 曲线
```

运行以上程序，可以得到一阶系统 T 取不同值时的单位斜坡响应曲线，如图 4-10 所示。将仿真得到的响应曲线与前面实验所测得的响应曲线进行比较，看是否一致。

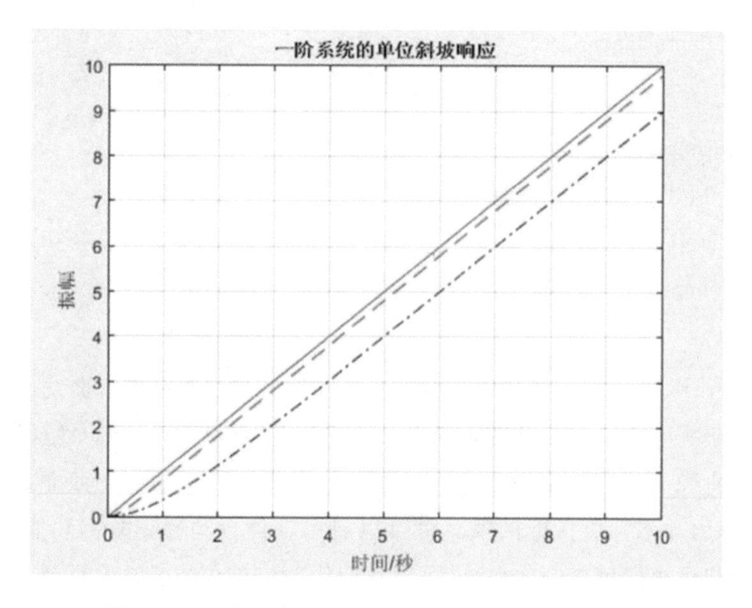

图 4-10　一阶系统 T 取不同值时的单位斜坡响应曲线

（3）二阶系统 ω_n 值固定而 ζ 取不同值时的单位阶跃响应仿真程序如下：

```
clear;
wn=10;
z=[0.2, 0.707, 1, 2];          %% 分别取 0.2、0.707、1、2
figure(1);
hold on;
```

```
for z1=z;
num=[wn^2];
den=[1,2 *z1 *wn,wn^2];
sys=tf(num,den);
t=5;
step(sys,t);
gtext(num2str(z1));
end
grid
hold off
```

运行以上程序，可以得到二阶系统阻尼比 ζ 取不同值时的单位阶跃响应曲线，如图 4-11 所示。将仿真得到的响应曲线与前面实验所测得的响应曲线进行比较，看是否一致。

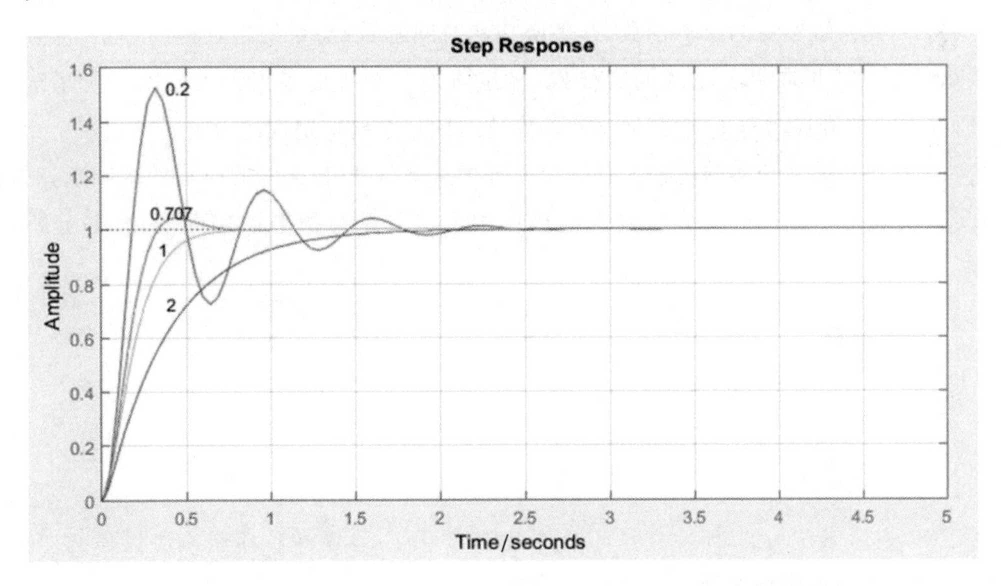

图 4-11　二阶系统阻尼比 ζ 取不同值时的单位阶跃响应曲线

类似地，可以编写二阶系统阻尼比固定而自然频率变化时的单位阶跃响应仿真程序和三阶系统取不同系统参数时的阶跃响应仿真程序。将仿真得到的响应曲线与前面实验所测得的响应曲线进行比较，看是否一致。

5. 实验报告要求

(1) 绘制二阶系统中线性定常系统的实验电路，并写出闭环传递函数，标明电路中的各参数，分析参数变化对系统动态性能的影响。

(2) 利用 MATLAB 编程绘制出系统单位脉冲响应曲线和单位阶跃响应曲线，准确读出其动态性能指标，并记录数据。

6. 拓展与思考

(1) 如果阶跃输入信号的幅值过大，会在实验中产生什么后果？
(2) 在电路模拟系统中，如何实现单位负反馈？
(3) 简述线性二阶系统改善动态性能的办法。

4.3 控制系统的稳定性和稳态误差研究

1. 实验目的

(1) 研究系统本身的结构参数(开环增益和时间常数)与系统稳定性的关系，深入理解系统的稳定性只取决于系统的特征根(极点)，而与系统的零点无关。以三阶系统为例，研究系统的开环增益 K 或其他参数的变化对闭环系统稳定性的影响。

(2) 在以二阶系统实验电路为例研究开环增益 K 对稳态误差的影响的基础上，利用 MATLAB 编程实现在不同典型输入信号作用下二阶系统稳态误差的变化，并分析其规律。

2. 实验设备

同 4.1 节的实验设备。

3. 实验内容

(1)以三阶系统为例，研究在开环增益 K 的变化下，系统单位阶跃响应信号的变化，并分析其对闭环系统稳定性的影响。

(2) 观测 0 型、Ⅰ型、Ⅱ型二阶系统在不同输入情况下的响应，并实测它们的稳态误差，开环增益 K 对稳态误差的影响。

(3) 利用 MATLAB 编程实现 0 型、Ⅰ型、Ⅱ型二阶系统在不同输入情况下的响应，并实测它们的稳态误差、开环增益 K 对稳态误差的影响。

4. 实验步骤

1) 分析三阶系统的稳定性

根据三阶系统的模拟电路图，设计并组建该系统的模拟电路，如图 4-12 所示。

当系统输入一单位阶跃信号时，在下列几种情况下观测并记录不同 K 值时的实验

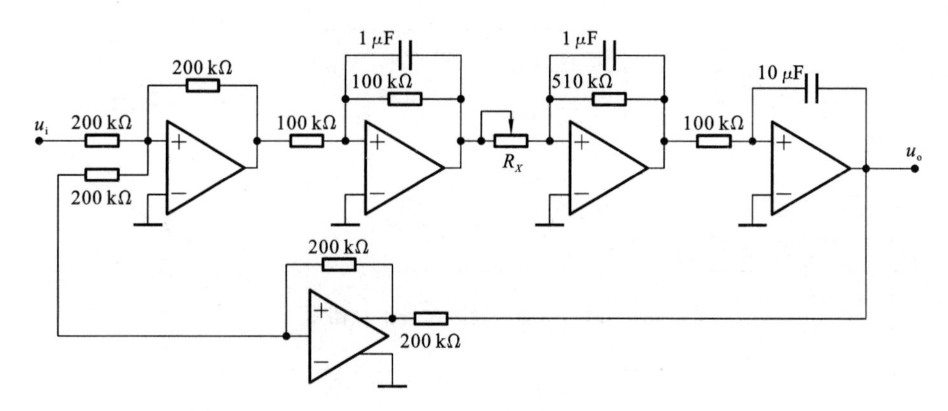

图 4-12　三阶系统的模拟电路图

曲线。

- 当 $K=5$ 时，系统稳定，此时电路中的 R_X 取 100 kΩ 左右。
- 当 $K=12$ 时，系统处于临界状态，此时电路中的 R_X 取 42.5 kΩ 左右（实际值为 47 kΩ 左右）。
- 当 $K=20$ 时，系统不稳定，此时电路中的 R_X 取 25 kΩ 左右。

2）分析二阶系统在不同输入情况下的稳态误差

（1）根据 0 型二阶系统的方框图，选择实验台上的电路单元设计并组建相应的模拟电路，如图 4-13 所示。

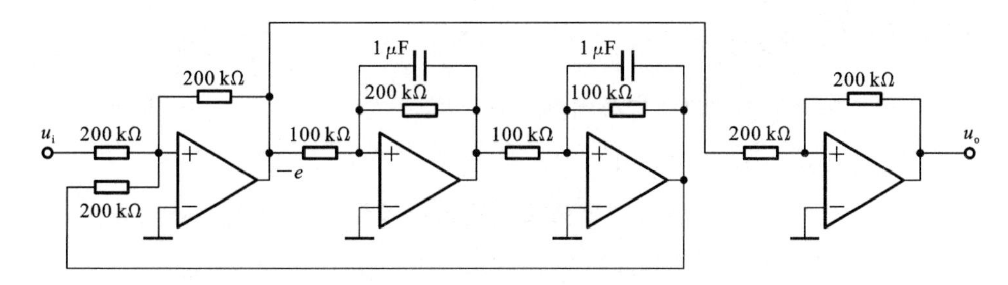

图 4-13　0 型二阶系统模拟电路图

当输入为单位阶跃信号和单位斜坡信号时，观测图中 u_o 点及记录其实验曲线，并与理论偏差值进行比较。

（2）根据Ⅰ型二阶系统的方框图，选择实验台上的电路单元设计并组建相应的模拟电路，如图 4-14 所示。

当输入为单位阶跃信号和单位斜坡信号时，观测图中 u_o 点及记录其实验曲线，并与理论偏差值进行比较。

（3）根据Ⅱ型二阶系统的方框图，选择实验台上的电路单元设计并组建相应的模拟电路，如图 4-15 所示。

当输入为单位阶跃信号、单位斜坡信号和单位抛物线信号时，观测图中 u_o 点及记录

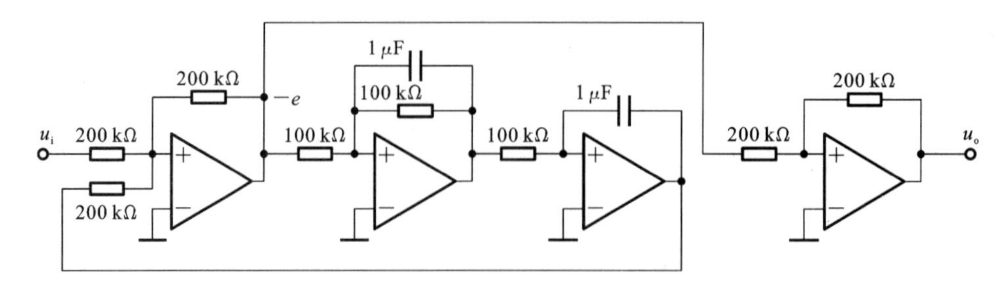

图 4-14　Ⅰ型二阶系统模拟电路图

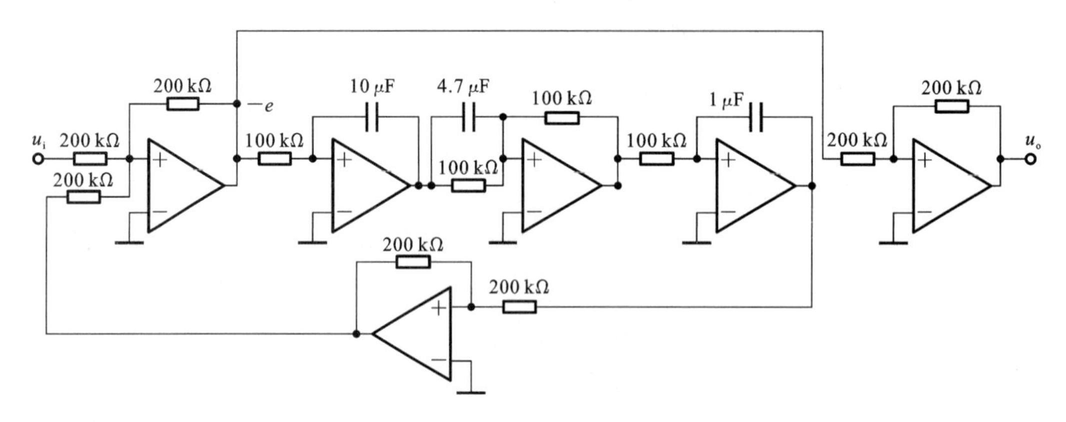

图 4-15　Ⅱ型二阶系统模拟电路图

其实验曲线,并与理论偏差值进行比较。

3) 利用 MATLAB 编程分析二阶系统在不同输入情况下的稳态误差

(1) 单位负反馈系统的开环传递函数为 $G(s)=\dfrac{1}{(s+1)(0.1s+1)}$,绘制单位阶跃响应曲线和单位斜坡响应曲线,并求其稳态误差。

本控制系统为 0 型控制系统,在单位阶跃输入信号作用下,系统稳态时能跟踪阶跃输入信号,但存在一个稳态位置误差。

注意:0 型控制系统在单位斜坡输入信号作用下,系统不能跟踪斜坡输入信号,随着时间的增加,误差越来越大,如图 4-16 所示。

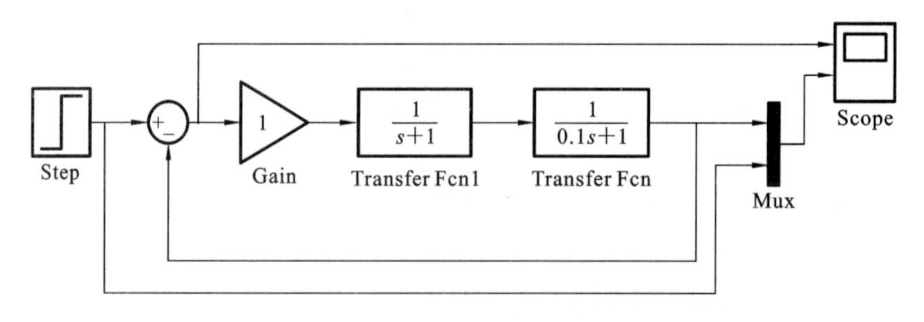

图 4-16　0 型控制系统的结构图

(2) 单位负反馈系统的开环传递函数为 $G(s)=\frac{100}{s(0.1s+1)}$，绘制单位阶跃响应曲线，并求单位阶跃响应的稳态误差。

本控制系统为Ⅰ型控制系统，在 Simulink 环境下建立系统的数学模型，如图 4-17 所示。Ⅰ型单位反馈系统在单位阶跃输入信号作用下，稳态误差 $e_{ss}=0$，即Ⅰ型单位反馈系统稳态时能完全跟踪阶跃输入信号，是一阶无静差系统。

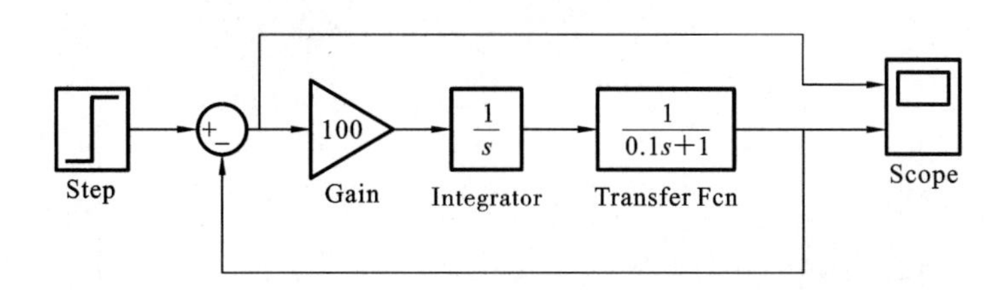

图 4-17　基于 Simulink 的Ⅰ型控制系统的结构图

(3) 单位负反馈系统的开环传递函数为 $G(s)=\frac{s+5}{s^2(0.1s+1)}$，绘制单位斜坡响应曲线，并求其稳态误差。

本控制系统为Ⅱ型控制系统(见图 4-18)。Ⅱ型单位反馈系统在单位斜坡输入信号作用下，系统能完全跟踪斜坡输入信号，不存在稳态误差，$e_{ss}=0$。

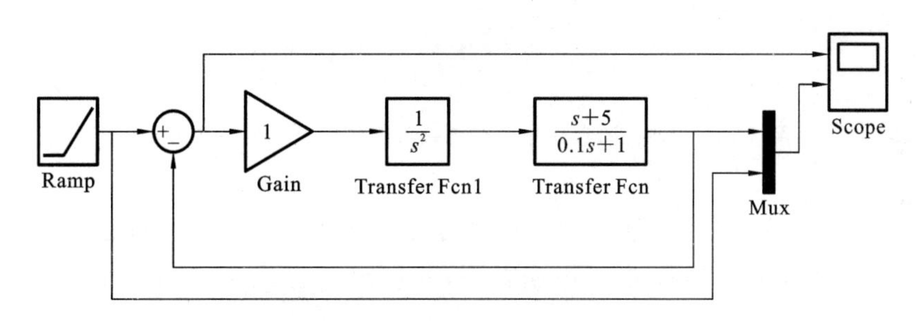

图 4-18　Ⅱ型控制系统的结构图

以上实验表明，系统型别越高，系统对斜坡输入的稳态误差越小，故可以通过提高系统的型别达到降低稳态误差的效果。

0 型二阶系统单位阶跃输入下的误差响应仿真程序如下：

```
clear
K=2;                                    %% 给开环增益 K 赋值
T1=0.2; T2=0.1;                         %% 给两个串联惯性环节时间常数赋值
num=K; den=conv([T1 1], [T2 1]);
G=tf(num, den);                         %% 求前向通道传递函数
sys=feedback(G, 1, -1);                 %% 求闭环传递函数
t=0:0.05:1;                             %% 求仿真时间
```

```
y=step(sys, t);                    %% 计算系统的单位阶跃响应 y
e=1-y;                             %% 计算系统的误差响应 e
plot(t,e)                          %% 绘制输入信号曲线
grid
```

运行以上程序，可以得到 0 型二阶系统单位阶跃输入下的误差响应仿真曲线，如图 4-19 所示。

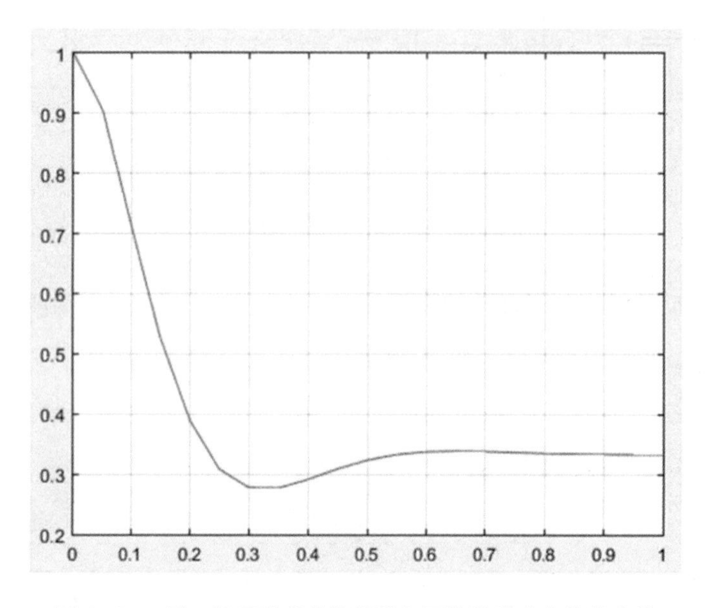

图 4-19　0 型二阶系统单位阶跃输入下的误差响应仿真曲线

将仿真得到的响应曲线与前面实验所测得的响应曲线进行比较，看是否一致。

也可以先求出系统的误差传递函数 $E(s)$ 后再直接求单位阶跃响应，参考程序如下：

```
clear
K=2;                          %% 给开环增益 K 赋值
T1=0.2; T2=0.1;               %% 给两个串联惯性环节时间常数赋值
num=conv([T1 1], [T2 1]);
den=[ T1 *T2 T1+T2 1+K];
esys=tf(num, den);            %% 求误差传递函数 E(s)
step(esys)                    %% 计算单位阶跃输入下的误差响应并绘图
Grid
```

其他几种情况下的误差响应仿真程序与此类似。

实验数据记录如表 4-7 所示。

表 4-7　实验数据记录表

系统型别	传递函数参数	输入信号	稳态误差
0 型二阶系统	$T_1=$ $T_2=$ $K=$	$r(t)=$	$e_{ss}(\quad)=$
		$r(t)=$	$e_{ss}(\quad)=$
Ⅰ型二阶系统	$T=$ $K=$	$r(t)=$	$e_{ss}(\quad)=$
		$r(t)=$	$e_{ss}(\quad)=$
Ⅱ型二阶系统	$T=$ $K=$	$r(t)=$	$e_{ss}(\quad)=$
		$r(t)=$	$e_{ss}(\quad)=$

5. 实验报告要求

(1) 绘制三阶系统中线性定常系统的实验电路，并写出其闭环传递函数，标明电路中的各参数，分析取不同 R_X 值时系统的稳定性。

(2) 绘制 0 型、Ⅰ型和Ⅱ型二阶系统的方框图和模拟电路图，并由实验测得系统在不同输入时的稳态误差。

(3) 运用 Simulink 构造系统结构图，分析 0 型、Ⅰ型和Ⅱ型二阶系统在不同输入时的稳态误差。

(4) 观察在不同输入情况下对二阶系统稳态误差的影响，并分析其产生的原因。

6. 拓展与思考

(1) 控制系统中，我们该如何改善系统的稳定性、减小和消除稳态误差？

(2) 由于 Simulink 环境下的模块组中没有加速度信号源，应如何实现加速度信号的输入仿真？试设计 MATLAB 程序，完成输入信号为加速度信号的控制系统仿真。

(3) 系统的动态性能和稳态精度对开环增益 K 的要求是矛盾的，在控制工程中应如何解决这对矛盾？

4.4　基于 MATLAB 的根轨迹分析

1. 实验目的

(1) 掌握采用 MATLAB 绘制系统根轨迹的方法。

（2）了解控制系统根轨迹图的一般规律。

（3）了解采用 MATLAB 对根轨迹图进行系统分析的方法。

2. 实验设备

同 4.1 节实验设备。

3. 实验内容

1）绘制系统的根轨迹

分别绘制闭环系统的根轨迹，已知单位反馈系统的开环传递函数如下：

（1）$G(s)=\dfrac{K}{s(s+1)(s+2)}$；

（2）$G(s)=\dfrac{K(s+3)}{s(s+1)(s+2)}$。

2）根轨迹分析

（1）已知单位反馈系统的开环传递函数为

$$G(s)=\frac{K}{s(s+1)(s+2)}$$

试绘制根轨迹及确定系统临界稳定时的 K 值，并使用 MATLAB 命令验证系统的稳定性；确定使系统 $\zeta=0.707$ 时的 K 值，并求出此时系统的超调量。

（2）已知单位反馈系统的开环传递函数为

$$G(s)=\frac{K(s+3)}{s(s+1)(s+2)}$$

求使系统阶跃响应无超调时的 K 值范围；确定 $K=3$ 时闭环极点的值，并求出此时系统的超调量。

4. 实验步骤

1）熟悉 MATLAB 相关命令/函数

MATLAB 提供了 rlocus() 函数，可以直接用于系统的根轨迹绘制，还允许用户交互式选取根轨迹上的值。绘制根轨迹的函数用法及其说明如表 4-8 所示。

表 4-8　绘制根轨迹的函数用法及其说明

函数用法	说　明
rlocus(G) 或 rlocus(num, den)	绘制指定系统的根轨迹；
rlocus(G1, G2, …)	绘制指定系统的根轨迹，多个系统根轨迹绘于同一图上；
rlocus(G, K) [r, K]=rlocus(G) 或[r, K]= rlocus (num, den)	绘制指定系统的根轨迹，K 为给定取值范围的增益向量返回根轨迹的参数，计算所得的闭环根 r（矩阵）和对应的开环增益 K，不作图

续表

函数用法	说明
[K, r]=rlocfind(G) 或[K, r]=rlocfind(num, den)	交互式选取根轨迹增益。执行该命令后,图中出现一个“+”形光标,用此光标在根轨迹图上单击一个极点,即可返回该点开环增益 K 对应的所有闭环极点值。注意:在该函数执行前需先用 rlocus()函数绘制系统的根轨迹。
[K, r]=rlocfind(G, P)	返回极点 P 所对应的根轨迹开环增益 K 及该 K 值所对应的全部极点值
pzmap(G)或 pzmap(num, den) [p, z]=pzmap(num, den)	计算所有的零极点并作图; 计算零极点 p、z 后返回 MATLAB 窗口,不作图
sgrid	在零极点图或根轨迹图上绘制等阻尼线或等自然振荡角频率线。阻尼线间隔为 0.1,范围为 0~1,自然振荡角频率间隔为 1 rad/s,范围为 0~10;
sgrid(z, wn)	按指定的阻尼比值 z 和自然振荡角频率值 w_n 在零极点图或根轨迹图上绘制等阻尼线和等自然振荡角频率线

2) 参考程序

(1) 绘制闭环系统根轨迹,已知单位反馈系统的开环传递函数为

$$G(s)=\frac{K}{s(s+1)(s+2)}$$

参考程序如下:

```
clear num=1;
den=conv([1 1 0],[1, 2]);
G=tf(num,den); rlocus(G)
Axis([-5 5 -5 5])
```

程序运行结果如图 4-20 所示。

(2) 根轨迹分析。

参考程序如下:

```
clear num=1;
den=conv([1 1 0],[1, 2]); G=tf(num,den); rlocus(G)
axis([-5 5 -5 5])
[K, r]=rlocfind(sys)
```

移动“+”形光标并对准根轨迹与虚轴交点处,点击鼠标,程序运行结果如图 4-21 所示。

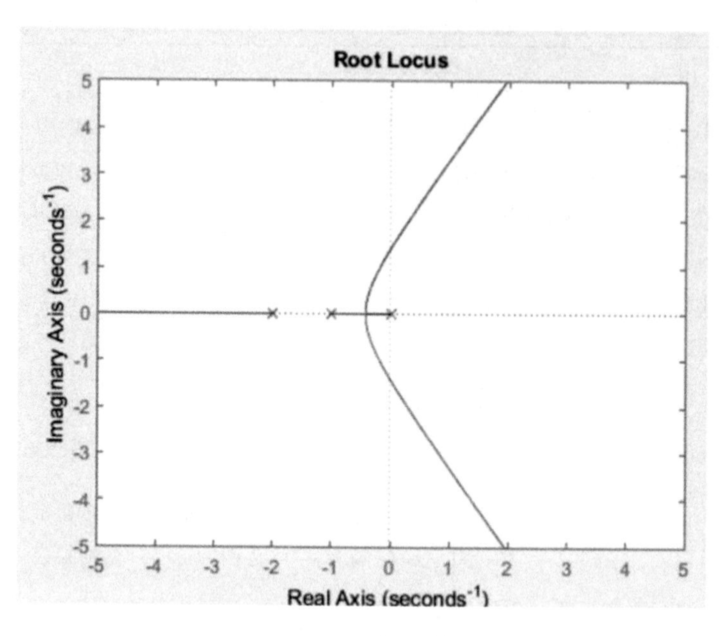

图 4-20　根轨迹图

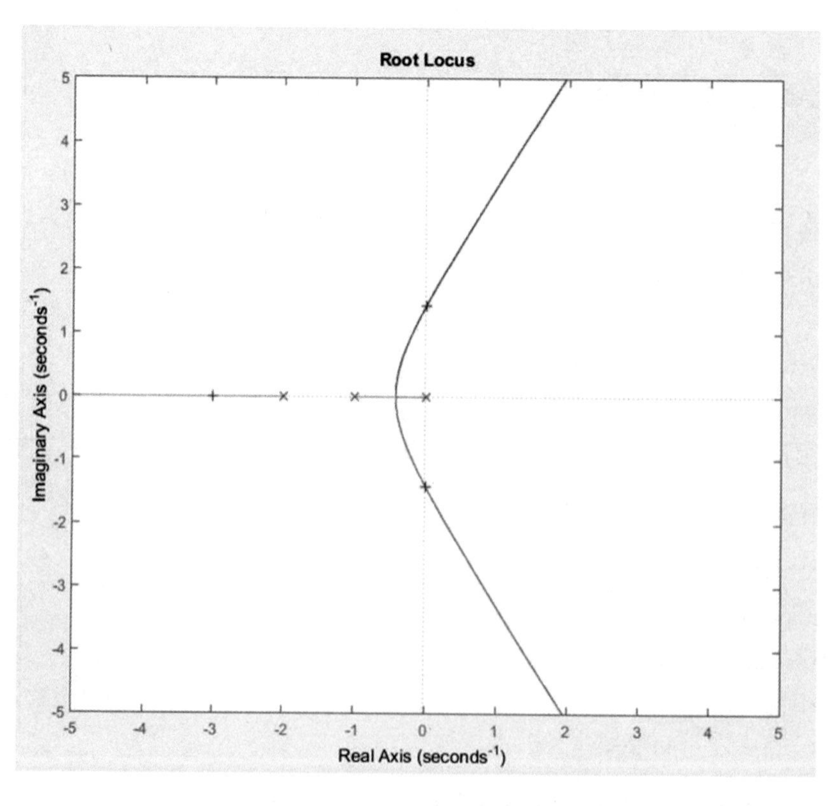

图 4-21　交互选取系统临界稳定时的极点图

通过交互选取系统临界稳定时的极点(应为根轨迹与虚轴交点)−0.0038+j1.4206，给出了对应的增益值 $K=6.0391$，如图 4-22 所示。由此可知系统临界稳定时的 K 值约为 6。

```
Select a point in the graphics window

selected_point =

  -0.0038 + 1.4206i


k =

    6.0391


r =

  -3.0035 + 0.0000i
   0.0018 + 1.4180i
   0.0018 - 1.4180i
```

图 4-22　返回临界稳定增益值及对应全部极点的结果

验证系统的稳定性，代码如下：

```
figure(2)     % 新开一个图形窗口 K=6;
sys=feedback(tf(K*num, den),1);
step(sys)
```

确定使系统 $\zeta=0.707$ 时的 K 值，并求此时系统的超调量，代码如下：

```
clear
num=1;
den=conv([1 1 0],[1, 2]);
G=tf(num,den); rlocus(G)
axis([-5 3 -3 3])
sgrid(0.707,[ ])
```

运行以上程序，在根轨迹图上将光标移动到根轨迹分支与 0.707 等阻尼线的交点处，点击鼠标左键，程序给出对应的增益值、极点和超调量等信息，如图 4-23 所示。由图 4-23 可见，使系统 $\zeta=0.707$ 时的 K 值约为 0.682，阶跃响应超调量为 5.19%。

5. 实验报告要求

(1) 按前述实验内容的要求编写 MATLAB 程序，对程序进行必要的注释，打印或绘

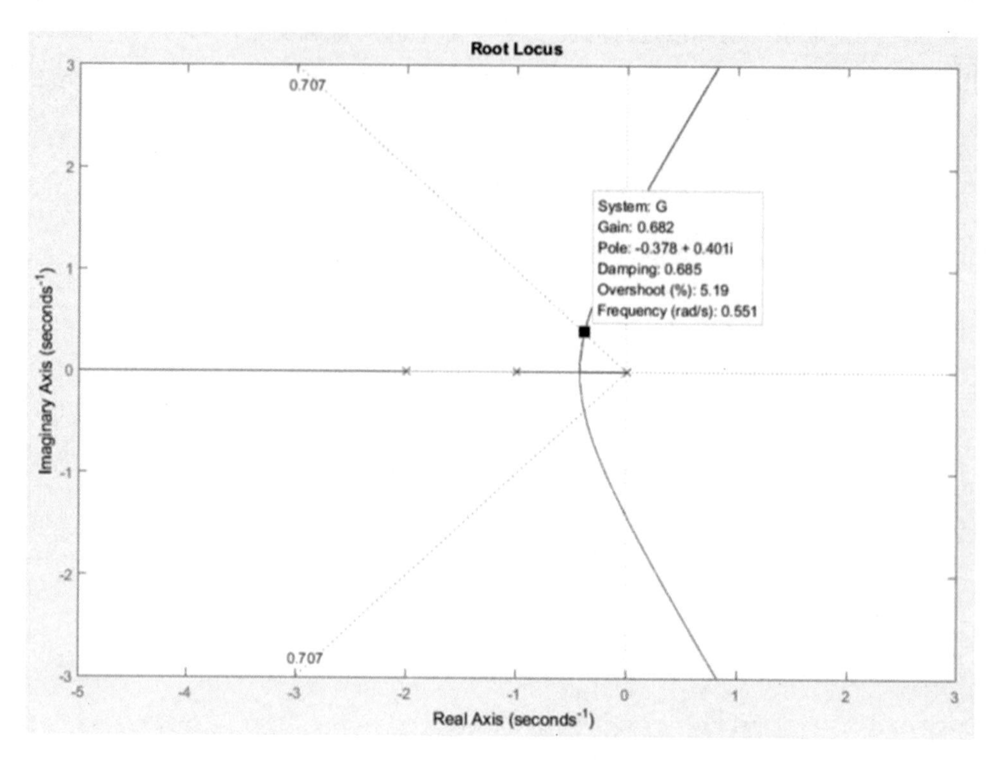

图 4-23　使 $\zeta=0.707$ 时的 K 值及阶跃响应超调量

制程序运行结果或根轨迹图。

(2) 根据实验内容,手工计算根轨迹的分离点、根轨迹与虚轴的交点及对应的开环增益 K 值等参数,并与 MATLAB 程序运行的结果进行比较。

6. 拓展与思考

(1) 与时域分析法相比,根轨迹分析法的主要优点是什么?

(2) 简述闭环极点在 s 平面的位置与系统动态性能的关系。

(3) 已知单位正反馈系统的开环传递函数为 $G(s)$,如何采用 MATLAB 绘制系统的根轨迹?

4.5　控制系统频率特性

1. 实验目的

(1) 了解典型环节和系统频率特性曲线的测试方法。

(2) 根据实验的频率特性曲线求传递函数。

2. 实验设备

同 4.1 节实验设备。

3. 实验内容

(1) 惯性环节、二阶系统和无源滞后-超前校正网络的频率特性测试。

(2) 由实验测得的频率特性曲线求相应的传递函数。

(3) 使用软件仿真方法绘制控制系统 Nyquist 图并进行稳定性分析。

4. 实验步骤

1) 惯性环节

根据惯性环节实验电路图(见图 4-24),选择实验台上的通用电路单元,设计并组建相应的模拟电路。其中,电路的输入端接实验台上信号源的输出端,信号源的输出端和电路的输出端接数据采集接口单元输入端。

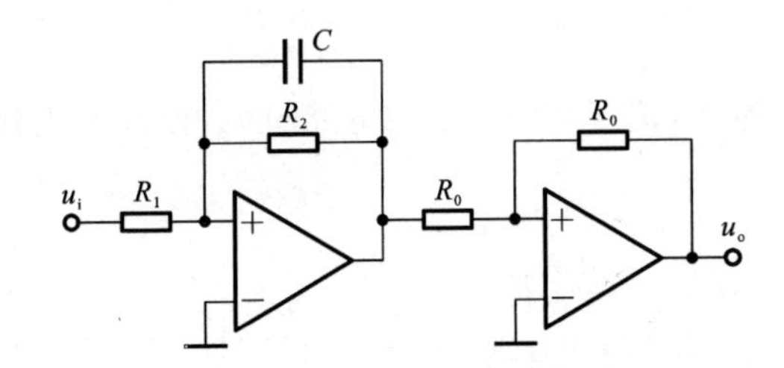

图 4-24　惯性环节实验电路图

(1) 测量 $u_i(t)$ 和 $u_o(t)$ 的数值,记录它们的幅值和相角,并将相关数据记录在表 4-9 中。

表 4-9　实验数据记录表

实验环节	输入信号频率 /f	输入信号角频率 /ω	输入信号幅值	输出信号幅值	幅值比
惯性环节					
二阶系统					
无源滞后-超前校正网络					

正弦波信号的响应曲线如图 4-25 所示。

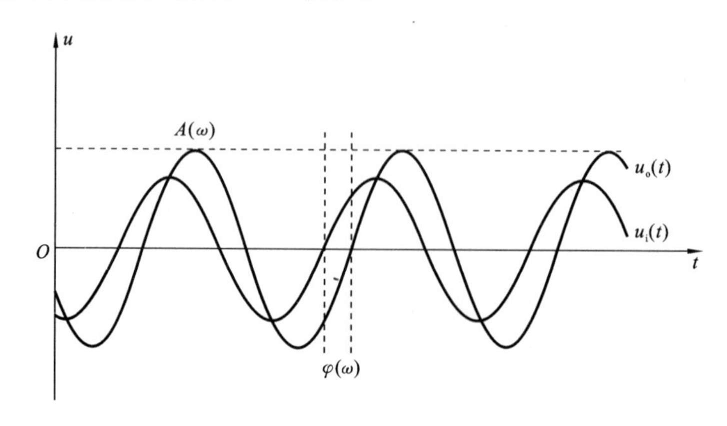

图 4-25　正弦波信号的响应曲线

(2) 改变频率 ω 的取值,重复步骤(1)。要求 ω 的取值从小到大逐步增加,取点越多,描点法绘制出的曲线越光滑。

(3) 根据实验数据,在半对数坐标纸上绘制伯德图。

2) 二阶系统

根据二阶系统的电路图,选择实验台上的电路单元,设计并组建相应的模拟电路,如图 4-26 所示。

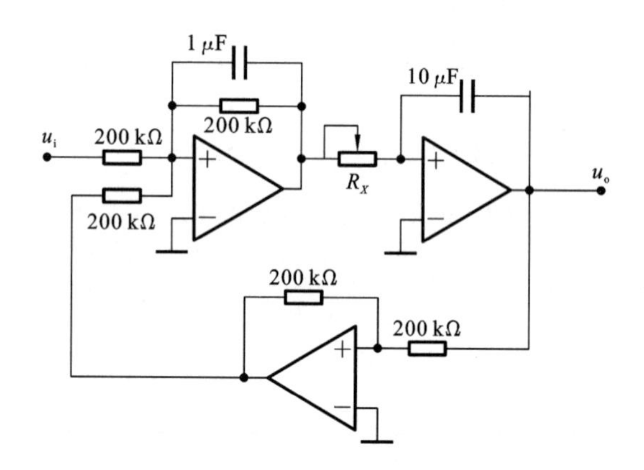

图 4-26　典型二阶系统的电路图

当 R_X=1 kΩ 时,具体步骤请参考惯性环节的相关操作,最终频率达到 10 Hz 即可。当 R_X=10 kΩ 时,具体步骤请参考惯性环节的相关操作,最终频率达到 20 Hz 即可。

3) 无源滞后-超前校正网络

根据无源滞后-超前校正网络的电路图,选择实验台上的电路单元,设计并组建相应的模拟电路,如图 4-27 所示。

具体步骤请参考惯性环节的相关操作,最终频率达到 100 Hz 即可。

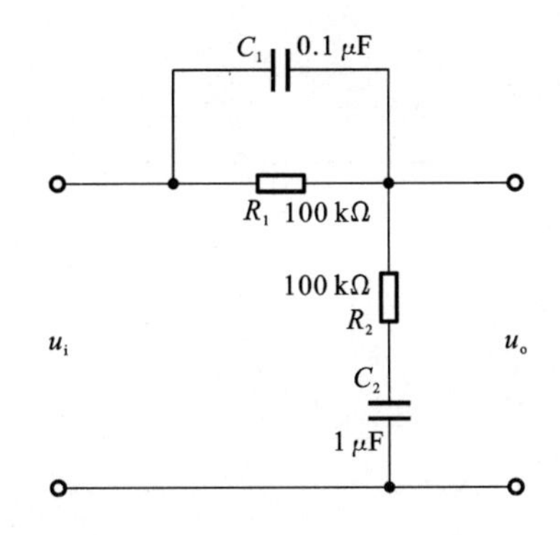

图 4-27 无源滞后-超前校正网络

4）绘制基于 MATLAB 仿真的控制系统 Nyquist 图并进行稳定性分析

利用 MATLAB 中的控制工具箱，可以方便地对典型环节或线性连续系统的频率特性进行仿真分析。频率特性仿真一般需要先在 MATLAB 中建立控制系统的数学模型，再调用相关 MATLAB 函数或命令计算频率响应，并绘制频率特性曲线。

MATLAB 提供了 nyquist()函数来计算(绘制)系统的 Nyquist 曲线，提供了 bode () 函数来计算(绘制)系统的伯德图，参见第 3 章。

以二阶系统为例，若二阶系统开环传递函数为

$$G(s)=\frac{1}{s(0.2s+1)}$$

请绘制系统的 Nyquist 图，并讨论其稳定性。可以在 MATLAB 的命令窗口输入如下代码：

```
clear
G=tf(1,conv([1,0],[0.2,1]));
figure(1);
nyquist(G);
grid figure(2);
bode(G); grid
```

可以得到二阶系统的 Nyquist 曲线，如图 4-28 所示。二阶系统的伯德图如图 4-29 所示。

5. 实验报告要求

(1) 写出被测环节和系统的传递函数，并绘制相应的模拟电路图。

(2) 将实验测得的数据和理论计算数据分别填入表中，绘出它们的伯德图，并分析实测的伯德图产生误差的原因。

6. 拓展与思考

实测数据和理论分析数据间会有差别，思考产生这种差别的原因。

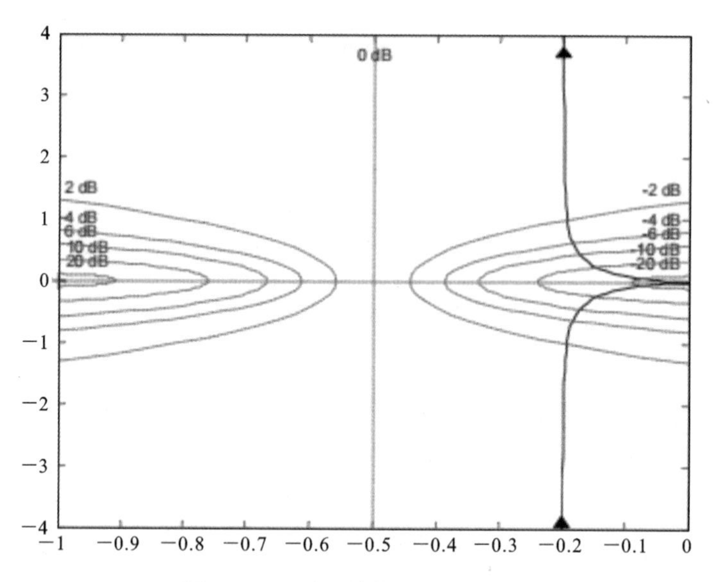

图 4-28　二阶系统的 Nyquist 曲线

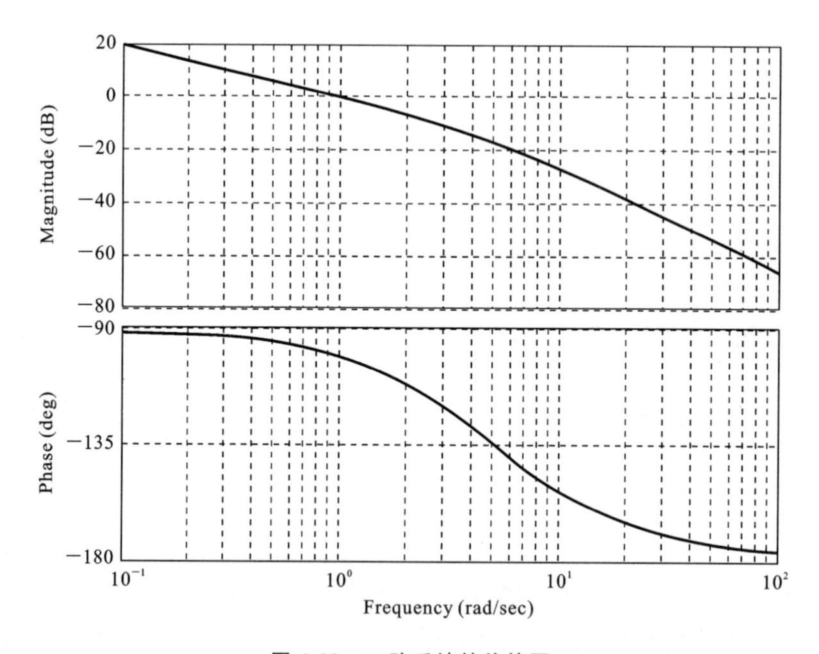

图 4-29　二阶系统的伯德图

4.6　控制系统的串联校正

1. 实验目的

(1) 通过实验，理解所加校正装置的结构、特性及对系统性能的影响。

(2) 掌握串联校正几种常用的设计方法和对系统的实时调试技术。

2. 实验设备

同 4.1 节实验设备。

3. 实验内容

(1) 观测未加校正装置时系统的动态性能、静态性能，按动态性能的要求分别用时域法或频域法(期望特性)设计串联校正装置。

(2) 观测引入校正装置后系统的动态性能、静态性能，并予以实时调试，使动态性能、静态性能均满足设计要求。

(3) 利用软件分别对校正前和校正后的系统进行仿真，并与上述模拟系统实验的结果进行比较。

4. 实验步骤

1) 采用零极点对消法(时域法)进行串联校正

(1) 校正前。

根据二阶系统的方框图，选择实验台上的电路单元，设计并组建相应的模拟电路，如图 4-30 所示。

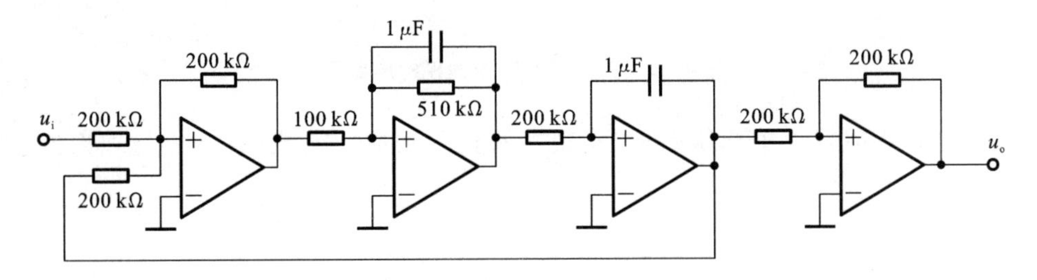

图 4-30　二阶闭环系统的模拟电路图(时域法)

在 u_i 输入端输入单位阶跃信号，观测及记录相应的实验曲线，并与理论值进行比较。

（2）校正后。

在图 4-30 的基础上增加一个串联校正装置，如图 4-31 所示。

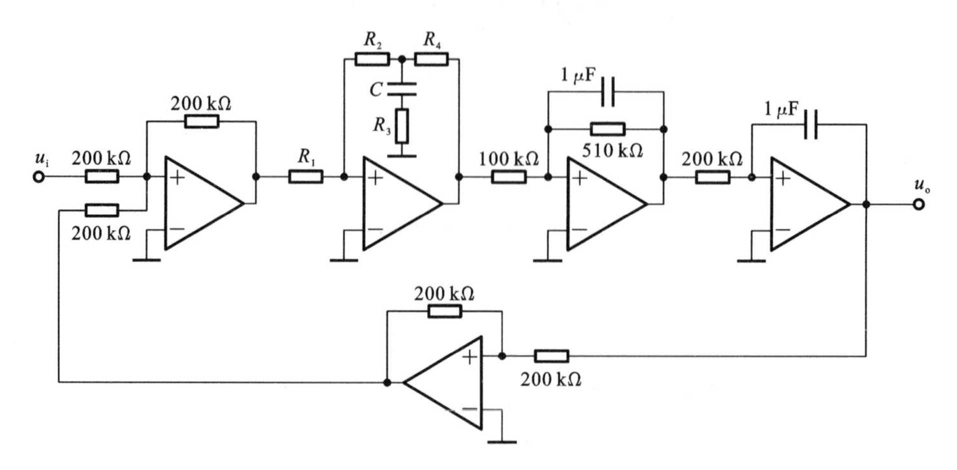

图 4-31　二阶闭环系统校正后的模拟电路图（时域法）

通过计算，选取模拟电路中的相关元器件参数。在系统输入端输入单位阶跃信号，观测及记录相应的实验曲线，并与理论值进行比较，观测超调量是否满足设计要求。

2）期望特性校正法

（1）校正前。

根据二阶闭环系统的方框图，选择实验台上的电路单元，设计并组建相应的模拟电路，如图 4-32 所示。

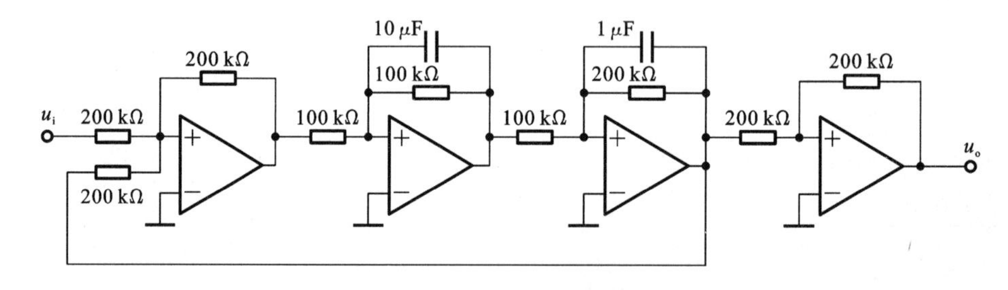

图 4-32　二阶闭环系统的模拟电路图

在系统输入端输入单位阶跃信号，观测及记录相应的实验曲线，并与理论值进行比较。

（2）校正后。

在图 4-32 的基础上增加一个串联校正装置，校正后的系统如图 4-33 所示。

在系统输入端输入单位阶跃信号，观测及记录相应的实验曲线，并与理论值进行比较，观测超调量和调节时间是否满足设计要求。实验数据记录如表 4-10 所示。

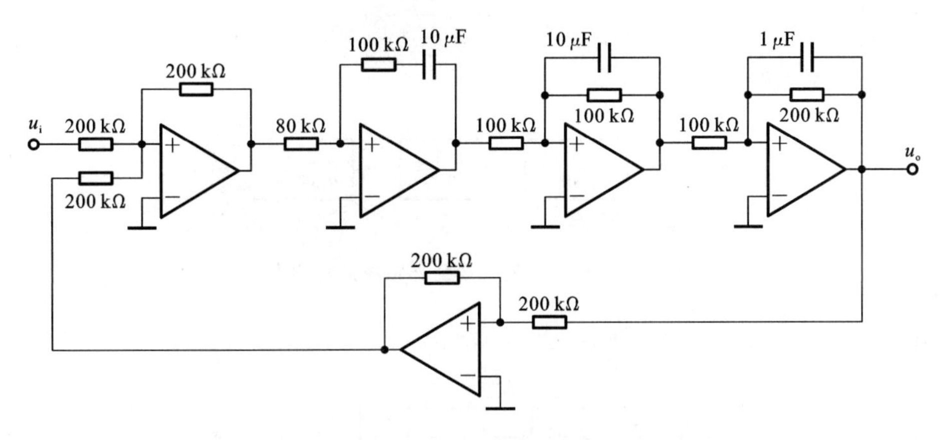

图 4-33 二阶闭环系统校正后的模拟电路图(频域法)

表 4-10 实验数据记录表

实验环节	传递函数 $G(s)$	超调量	调节时间
校正前			
校正后			

3) MATLAB 仿真

利用 MATLAB 中的控制工具箱里的 Simulink 工具,可以方便对典型环节或线性连续系统的时域响应进行仿真分析。

(1) 原系统仿真过程。

以二阶闭环系统为例,要求静态速度误差系数 $KV=25$,超调量小于 0.2,上升时间小于 1 s。可以利用 Simulink 工具构建图 4-34 所示系统的仿真模型,如图 4-35 所示。

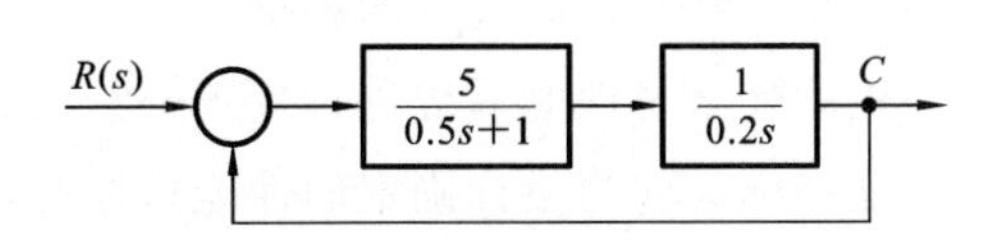

图 4-34 二阶闭环系统方框图

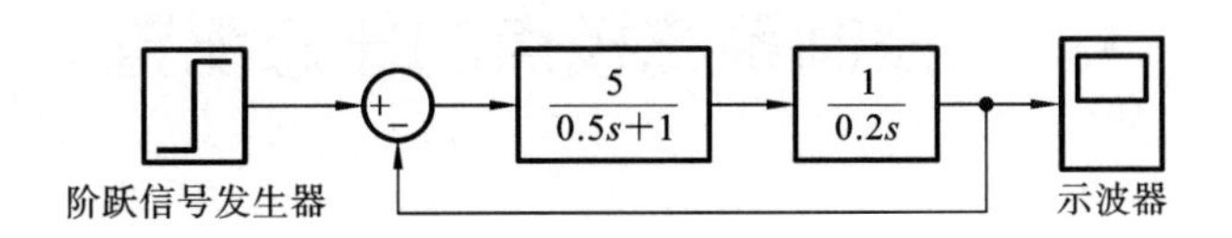

图 4-35 图 4-34 所示系统的仿真模型

(2) 加入串联校正装置后的仿真过程。

经过理论计算,可以得出串联校正装置的传递函数为

$$G_c(s)=\frac{0.5s+1}{0.04s+1}$$

校正后的系统如图 4-36 所示。

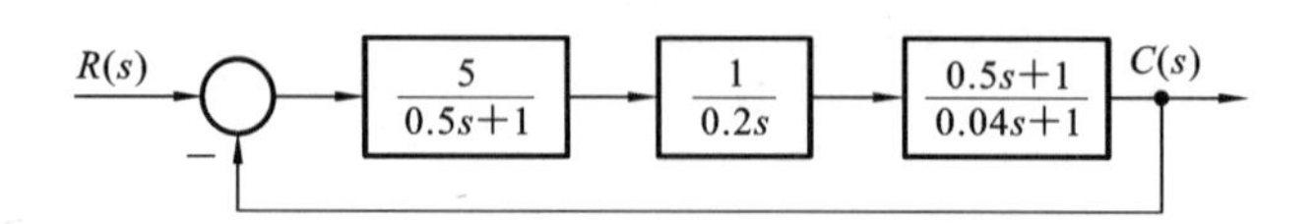

图 4-36　已校正的二阶闭环系统的结构图

可以利用 Simulink 工具构建系统的仿真模型，如图 4-37 所示。

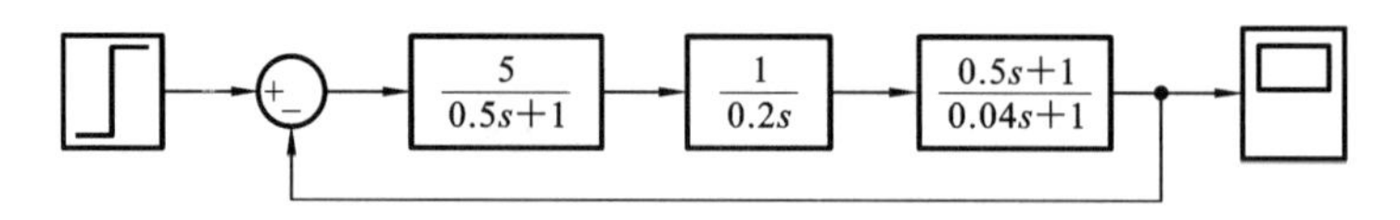

图 4-37　已校正的二阶闭环系统的 Simulink 仿真图

将仿真的阶跃响应曲线与前面实验所测得的响应曲线进行比较，看是否一致，以及是否满足校正指标要求。

5. 实验报告要求

(1) 根据对系统性能的要求，设计系统的串联校正装置，绘制出它的电路图和校正前系统的阶跃响应曲线，并标出相应的动态性能指标。

(2) 观测引入校正装置后系统的阶跃响应曲线，再将实验测得的性能指标与理论计算值进行比较，并分析相应参数的改变对系统性能的影响。

6. 拓展与思考

(1) 分析校正环节对系统稳定性及过渡过程的影响。

(2) 我们是利用校正装置的什么特性对系统进行校正的？

(3) 实验时所获得的性能指标为何与设计确定的性能指标有偏差？

4.7　控制系统极点的任意配置

1. 实验目的

(1) 掌握用全状态反馈的设计方法实现控制系统极点的任意配置。

(2) 使用电路模拟的方法研究参数的变化对系统性能的影响。

2. 实验设备

同 4.1 节实验设备。

3. 实验内容

使用全状态反馈实现二阶、三阶系统极点的任意配置，并使用电路模拟实现。

4. 实验步骤

1）典型二阶系统

（1）引入状态反馈前。

根据二阶系统的方框图，设计并组建该系统相应的模拟电路，如图 4-38 所示。

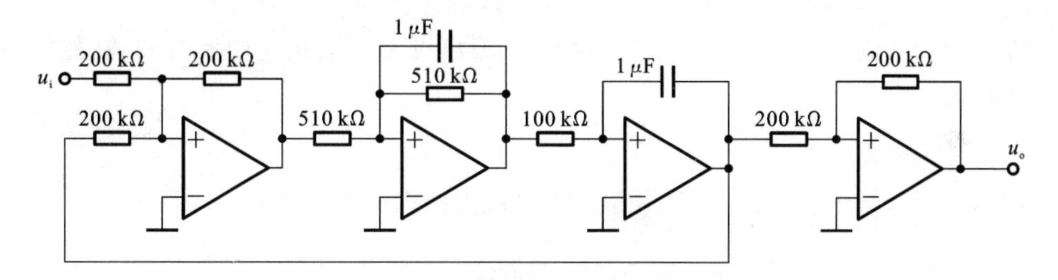

图 4-38　引入状态反馈前的二阶系统模拟电路图

在系统输入端输入单位阶跃信号，观测 u_o 输出点并记录相应的实验曲线。

（2）引入状态反馈后。

根据二阶系统的方框图，设计并组建该系统相应的模拟电路，如图 4-39 所示。

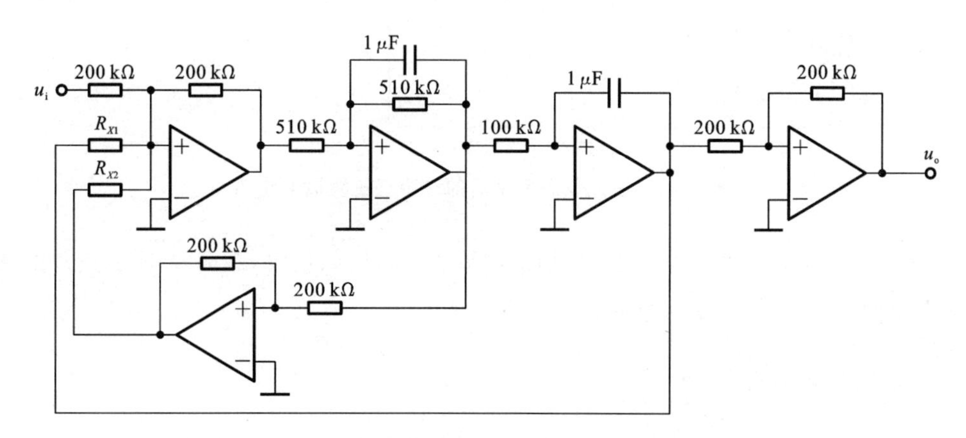

图 4-39　引入状态反馈后的二阶系统模拟电路图

根据计算，确定系统参数，在系统输入端输入单位阶跃信号，观测输出点并记录相应的实验曲线，然后分析其性能指标，调节相关参数，最后观测系统输出的曲线有什么变化，并分析其性能指标。

2）典型三阶系统

（1）引入状态反馈前。

根据三阶系统的方框图，设计并组建该系统相应的模拟电路，如图 4-40 所示。

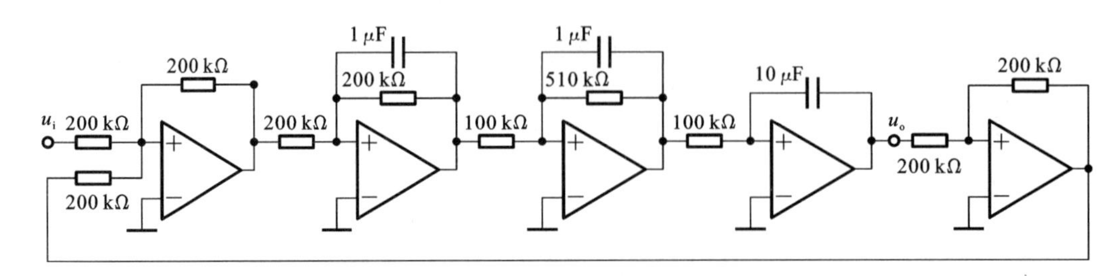

图 4-40　引入状态反馈前的三阶系统模拟电路图

在系统输入端输入单位阶跃信号，观测 u_o 输出点及记录相应的实验曲线，然后分析其性能指标。

（2）引入状态反馈后。

根据三阶系统的方框图，设计并组建该系统的模拟电路，如图 4-41 所示。

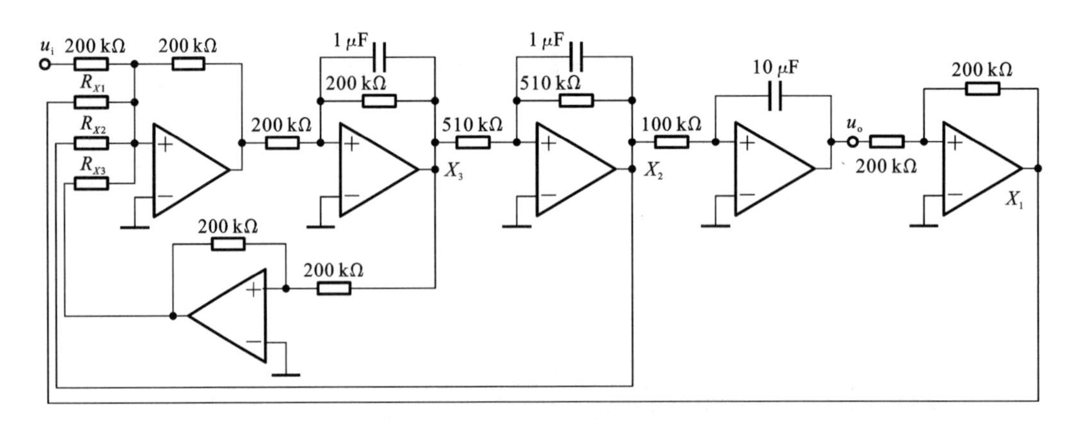

图 4-41　引入状态反馈后的三阶系统模拟电路图

根据计算，确定系统参数，在系统输入端输入单位阶跃信号，观测 u_o 输出点并记录相应的实验曲线，然后分析其性能指标。

5. 实验报告要求

（1）绘制原二阶系统和原三阶系统的模拟电路图及其引入状态反馈后的电路图，实测它们的阶跃响应曲线和动态性能，并与计算所得的各种性能指标进行比较和分析。

（2）根据系统要求的性能指标，确定系统希望的特征多项式，并计算出状态反馈增益矩阵。

6. 拓展与思考

(1) 引入状态反馈后的系统，其瞬态响应一定会优于输出反馈的系统吗？

(2) 如何利用 Simulink 来设计上述实验。

4.8　具有内部模型的状态反馈控制系统

1. 实验目的

(1) 通过实验了解内部模型控制的原理。

(2) 掌握具有内部模型的状态反馈设计的方法。

2. 实验设备

同 4.1 节实验设备。

3. 实验内容

(1) 不引入内部模型，按要求设计系统的模拟电路，并由实验求其阶跃响应和稳态输出。

(2) 设计系统引入内部模型后的模拟电路，并由实验观测其阶跃响应和稳态输出。

4. 实验步骤

1) 引入极点配置前

根据引入极点配置前的二阶系统方框图，设计并组建该系统相应的模拟电路，如图 4-42 所示。

在系统输入端输入单位阶跃信号，观测 u_o 输出点并记录相应的实验曲线，然后分析其性能指标。

2) 系统引入极点配置后

根据引入极点配置后的二阶系统方框图，设计并组建该系统相应的模拟电路，如图 4-43 所示。

在系统输入端输入单位阶跃信号，观测 u_o 输出点并记录相应的实验曲线，然后分析其性能指标。

3) 引入内模控制后

根据引入内模控制后的二阶系统方框图，设计并组建该系统相应的模拟电路，如图

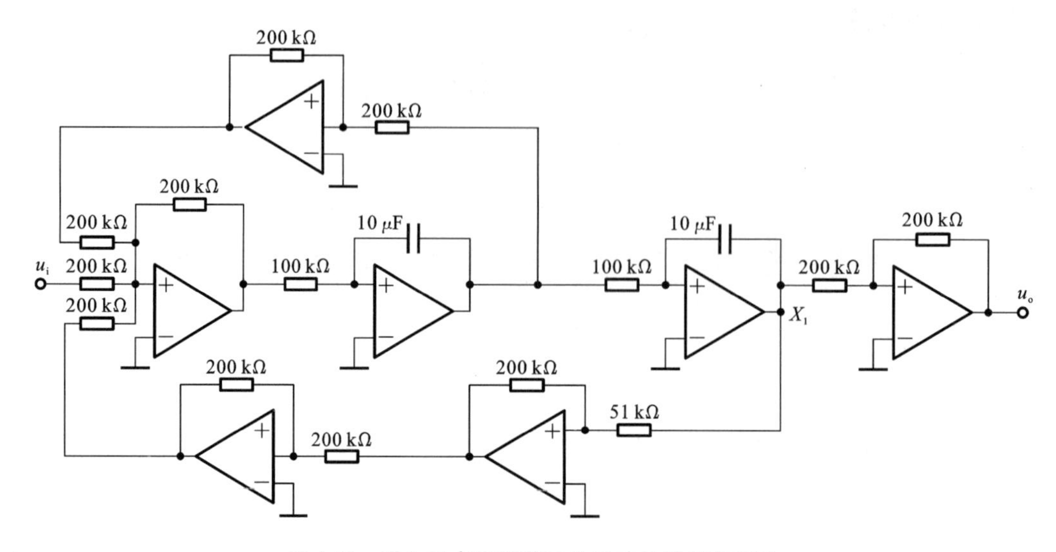

图 4-42　引入极点配置前二阶系统的模拟电路图

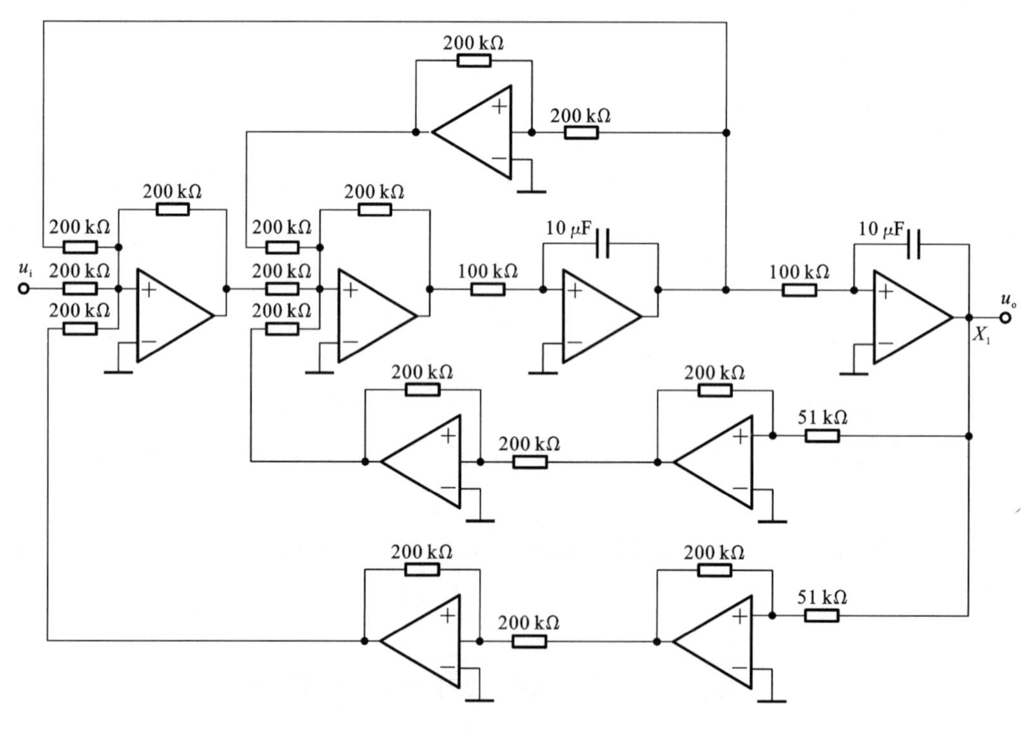

图 4-43　引入极点配置后二阶系统的模拟电路图

4-44 所示。

在系统输入端输入单位阶跃信号，观测 u_o输出点并记录相应的实验曲线，然后分析其性能指标。

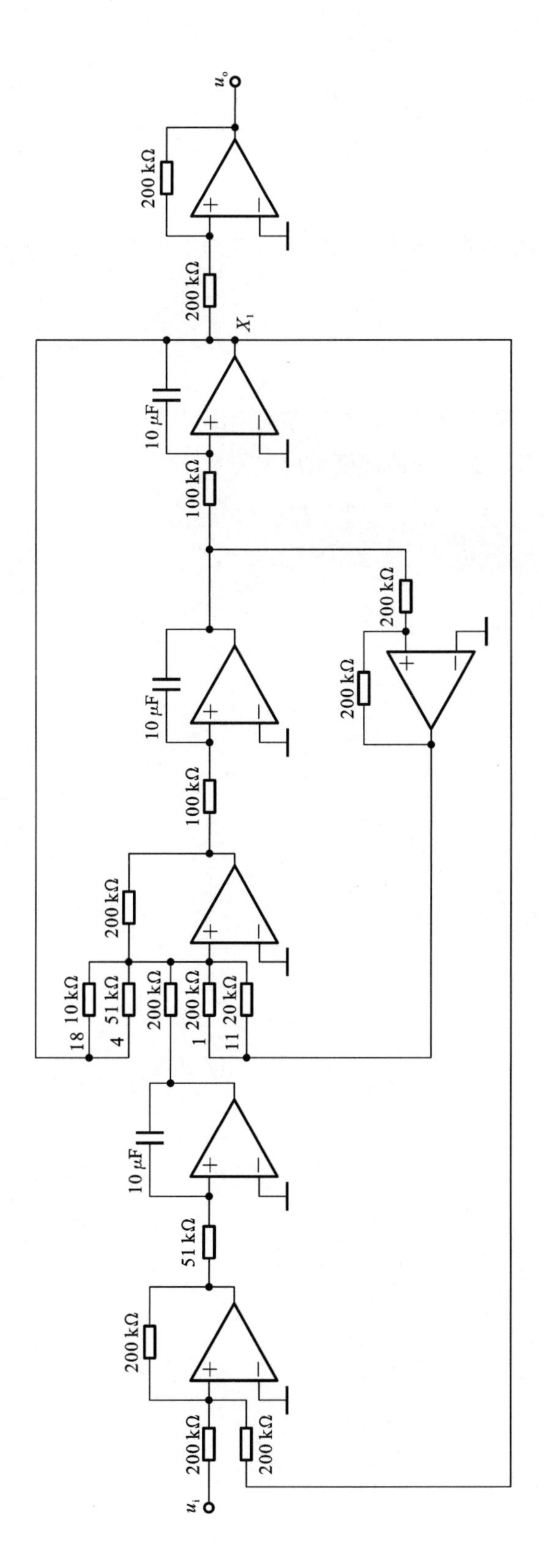

图4-44　引入内模控制后二阶系统的模拟电路图

5. 实验报告要求

(1) 绘制不引入内部模型、只有状态反馈系统的模拟电路图,并由实验绘制它的阶跃响应曲线和求出稳态输出值。

(2) 绘制引入内部模型后系统的模拟电路图,并由实验绘制它的阶跃响应曲线和求出稳态输出值。

6. 拓展与思考

(1) 引入内部模型后,系统的稳态误差为零的原因是什么?

(2) 如果输入 u_i,则系统引入的内部模型应如何变化?

第5章

MATLAB/Simulink简明手册

MATLAB是 Matrix Laboratory(矩阵实验室)的缩写,是美国 MathWorks 公司开发的一款大型软件。1980 年,美国的 Cleve Moler 博士研制的 MATLAB 环境(语言)对控制系统的理论及计算机辅助设计技术起到了巨大的推动作用。由于 MATLAB 的使用极其容易,不要求使用者掌握高深的数学与程序语言的知识,不需要使用者深刻了解算法与编程技巧,而且 MATLAB 提供了丰富的矩阵处理功能,于是控制理论领域的研究人员很快注意到了这些特点。尤其在自动控制原理的计算机仿真上,更体现出了 MATLAB 应用巨大的优越性和简易性。由于 MATLAB 适用范围广泛,目前已成为自动控制系统计算机辅助分析、设计及仿真研究的主要软件工具,并且给从事自动控制工作的工程技术人员带来了极大便利。MATLAB 软件包括两大部:数学计算和工程仿真。其中数学计算部分提供了强大的矩阵处理和绘图功能。在工程仿真方面,MATLAB 软件几乎支持各个工程领域。

使用 MATLAB 对控制系统进行计算机仿真的方法是:以控制系统的传递函数为基础,使用 MATLAB 的内核及辅助工具箱对其进行计算机仿真研究。

5.1 MATLAB 软件界面

启动 MATLAB之后,可以看到 MATLAB 的操作界面。该操作界面是一个高度集成的 MATLAB 工作界面,存在菜单栏、指令窗(Command Window)、当前文件夹(Current Folder)、工作空间(Workspace)、历史指令窗(Command History)等区域,如图 5-1 所示。

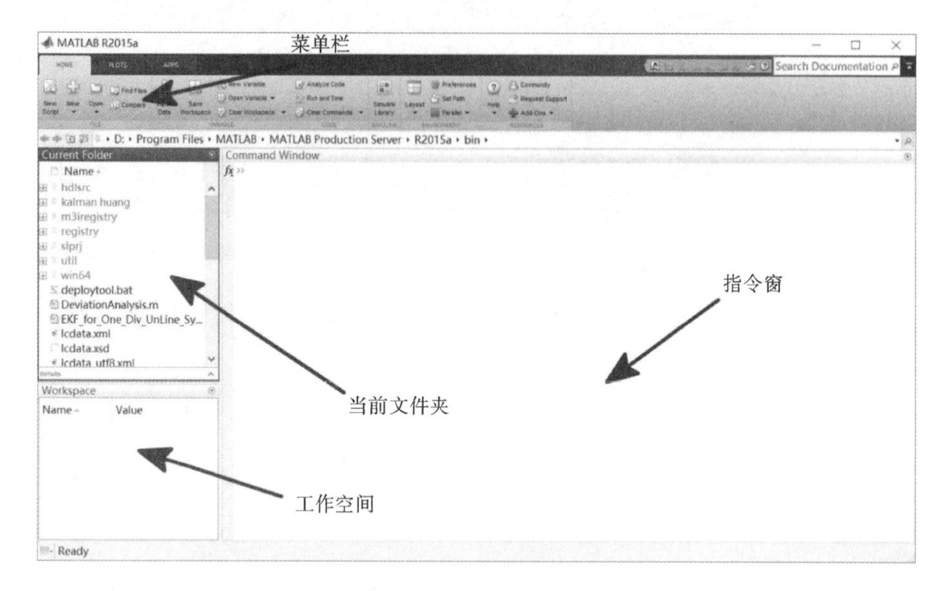

图 5-1　MATLAB 操作界面

1. 指令窗

指令窗是 MATLAB 软件的主要操作界面。在该界面中,可以输入各种计算表达式,用于显示图形外的所有运算结果,而且,当程序出现语法错误或者计算错误时,会在该窗口给出错误提示信息。

2. 当前文件夹

在当前文件夹中,可以查看子目录、M 文件、MAT 文件和 MDL 文件等,并且可以对其中的文件进行相应的操作。例如,可以对 M 文件进行复制、编辑和运行等操作。

3. 工作空间

程序运行的所有变量名及字节数等都保存在工作空间中,同时,我们可以对该空间中的变量进行查看、编辑等操作。若要清除工作空间,只需在指令窗口中输入 clear 指令,然后按 Enter 键即可。

4. 历史指令窗

该窗口用于记录已经运行的指令、函数、表达式,以及该文件运行的日期、时间等参数。可以对该窗口的指令、文件进行复制等操作。

5.2　MATLAB 软件的命令窗口

1. 文件(File)菜单

New:创建新文档
Open:打开文档
Close Command Window:关闭指令窗口
Import Date…:导入数据文档
Save Workspace As:用新的名称保存工作区
Set Path:设置路径
Preferences:参数首选项
Page Setup:页面设置
Print:打印文档
Print Selection:打印选择区域
Exit MATLAB:退出 MATLAB

2. 编辑(Edit)菜单

Undo:撤销上一次操作
Redo:恢复上一次操作
Cut:剪切选定的对象
Copy:复制选定的对象
Paste:剪切板中的内容,替代选定的对象
Paste Special:选择性粘贴
Select All:全部选定
Delete:删除选定的对象
Find:查找指定对象
Clear Command Window:清除指令窗口
Clear Command History: 清除历史窗口
Clear Workspace: 清除工作区窗口

3. 视图(View)菜单

Desktop Layout:桌面格式

Undock Launch Pad:将指令窗口变为单独窗口显示

Command Window:显示指令窗口

Command History:显示指令历史窗口

Current Directory:显示当前目录窗口

Workspace:显示工作窗口

Launch Pad:运行导航窗口

Profiler :运行 M 文档辅助编辑器

Help:运行帮助窗口

Current:改变当前目录窗口所显示的文档

Workspace View Option:工作区的显示功能

5.3 MATLAB 程序基础

MATLAB 命令/函数可以直接在命令窗口输入,可以建立变量及对变量进行操作,而且能把 MATLAB 命令/函数组合成 M 脚本程序。另外,MATLAB 还提供了 M 函数程序方式,以方便仿真程序的编制。本节简单介绍 MATLAB 程序的基础知识。

1. MATLAB 的变量

MATLAB 的变量与 C、VB 等高级语言的变量不同,它无须定义变量的类型,可以直接赋值。变量名以字母开头,且大小写有区分。

变量通过赋值符号(=)进行赋值。赋值语句格式如下:

变量名=值或者表达式

变量被赋值后,显示在工作空间。赋值语句后可以不带“;”或带“;”,若不带“;”,表示在命令窗口显式赋值的结果;若带“;”,则不显示。如果变量比较复杂,例如大矩阵,则在命令窗口中显示需要一定的时间,因此带“;”可节省时间。

ans 是 MATLAB 的默认变量,为 answer 的缩写。当某个表达式或函数没有指定赋值变量时,MATLAB 将把结果赋值给 ans。

MATLAB 中保留了一些变量,其含义已预先定义。保留变量允许重新赋值,但重新赋值后其含义将出现变化,特别是 i 和 j 在一些高级程序设计语言教材中经常用作循环变量,因此应尽量避免重新赋值。

2. MATLAB 命令/函数的基本语法

MATLAB 命令/函数有不带参数的,也有带参数的。

带参数的命令/函数需要有输入参数,并可接收其返回的参数。其调用格式如下:

[返回参数列表]=命令/函数名(输入参数列表)

MATLAB 命令/函数的用法、输入参数和返回参数均能通过帮助菜单 HELP 查询,也可以直接在命令窗口输入“help 命令/函数名”进行查询。

输入多个命令/函数时,相互间可以用“,”或“;”隔开。“;”的作用是不把计算结果显示在命令窗口。

3. 常用的基本命令/函数

format shot:设置数值显示格式为短格式,并显示小数后 4 位有效数字。

format long:设置数值显示格式为长格式,双精度数显示小数点后 15 位有效数字,单精度数显示小数点后 7 位有效数字。

clear:清除工作空间中的变量。

clc:清屏命令。

who:查看工作空间中的变量名。

plot(x,y):打开一个绘图窗口绘制曲线,并以 x 为横坐标,y 为纵坐标。

4. 常用的运算符和数学函数

常用的运算符和数学函数如表 5-1、表 5-2 所示。

表 5-1 常用的运算符

<table>
<tr><th>符号</th><th>运算</th><th>符号</th><th>运算</th></tr>
<tr><td>+</td><td>加</td><td>-</td><td>减</td></tr>
<tr><td>*</td><td>乘</td><td>/</td><td>除/矩阵右除</td></tr>
<tr><td>\</td><td>矩阵左除</td><td>'</td><td>共轭转置</td></tr>
<tr><td>.+</td><td>点加</td><td>.-</td><td>点减</td></tr>
<tr><td>.*</td><td>点乘</td><td>./</td><td>点除</td></tr>
<tr><td>^</td><td>幂</td><td>&</td><td>逻辑与</td></tr>
<tr><td>|</td><td>逻辑或</td><td>~</td><td>逻辑非</td></tr>
<tr><td>xor</td><td>逻辑异或</td><td>()</td><td>表达式优先级</td></tr>
<tr><td>[]</td><td>构成向量或矩阵</td><td>:</td><td>循环</td></tr>
</table>

表 5-2 常用的数学函数

函数	运算	函数	运算
sin()	正弦	asin()	反正弦
cos()	余弦	acos()	反余弦
tan()	正切	atan()	反正切
cot()	余切	acot()	反余切
abs()	绝对值	sqrt()	平方根
exp()	指数	log()	自然对数
log10	以 10 为底的对数	mod()	模数
sign()	符号函数	complex()	输入实部和虚部的数，求复数
angle()	求复数 z 的辐角	imag()	求复数的虚部
real()	求复数的实部	conj()	求共轭

“[]”运算符用于构成向量或矩阵。在向量或矩阵中，列元素间可用空格或“,”间隔，行元素间必须用“;”间隔，例如，**A**=[1 2 3,4;5,6 7 8]表示 2 行 4 列的矩阵。

点运算用于两个向量或矩阵之间的运算，且为该两个向量或矩阵对应元素的直接运算。点运算要求参与运算的两个向量或矩阵维数相同，例如点乘运算：**A**=[1 2 3];**B**=[1 2 3],**A**.* **B**=[1 4 9]。

“:”是 MATLAB 中比较特殊的一个运算符，表示循环。可以用“:”产生行向量，调用格式如下：

```
行向量=s1:s3:s2
```

其中：s_1 为起始值，s_2 为终止值，循环步距值为 s_3。当 s_3 为 1 时可省略，可写成

```
行向量=s1:s2
```

例如，**B**=1∶1∶4 运算后为 **B**=[1 2 3 4]。冒号运算符在矩阵运算时还可以用于矩阵剪裁。

5. MATLAB 语言流程控制语句

流程控制语句用于编写 MATLAB 仿真程序。下面主要介绍循环语句、条件转移语句和开关结构语句，它们的用法与其他高级语言的用法类似。

1）循环语句

循环语句通常有两种：for...end 结构和 while...end 结构。

for...end 语句通常的调用格式如下：

```
for 循环变量=s1:s3:s2 循环体语句组
```

```
end
```

其中："循环变量=s1:s3:s2"采用了 MATLAB 语言的冒号循环表达式。

while...end 语句通常的调用格式如下：

```
while 逻辑表达式
循环体语句组 end
```

2）条件转移语句

条件转移语句的格式如下：

```
if 条件式 1
条件块语句组 1 elseif 条件式 2
else
end
```

3）开关结构语句

开关结构语句的格式如下：

```
switch 开关表达式 case 表达式 1
语句段 1
case{表达式 2, 表达式 3, …, 表达式 m} 语句段 2
… otherwise
语句段 n
end
```

6. M 文件编辑器

对于一些比较简单的计算语句，我们可以直接在指令窗口中输入相应的程序代码。但是对于复杂的计算语句，若是直接在指令窗口中输入程序代码，那么会出现错误，同时，修改程序也会比较麻烦，M 文件编辑器则不会出现这样的情况。因此，这里建议读者编写程序时尽量使用 M 文件编辑器编写，以便于进一步修改。下面对 M 文件编辑器的启动方法以及使用 M 文件编辑器编写程序进行简单介绍，让读者对 M 文件编辑器有一定的了解，为以后的 MATLAB 学习打下坚实的基础。

1）M 文件编辑器的启动

M 文件编辑器如图 5-2 所示，它不会随着 MATLAB 的启动而启动。只有用户需要使用 M 文件编辑器时才启动它。

M 文件编辑器的启动方法有以下几种。

- 单击 MATLAB 操作界面左上角的"New Script"，即可启动 M 文件编辑器。
- 单击 MATLAB 操作界面左上角的 New→Script，即可启动 M 文件编辑器。

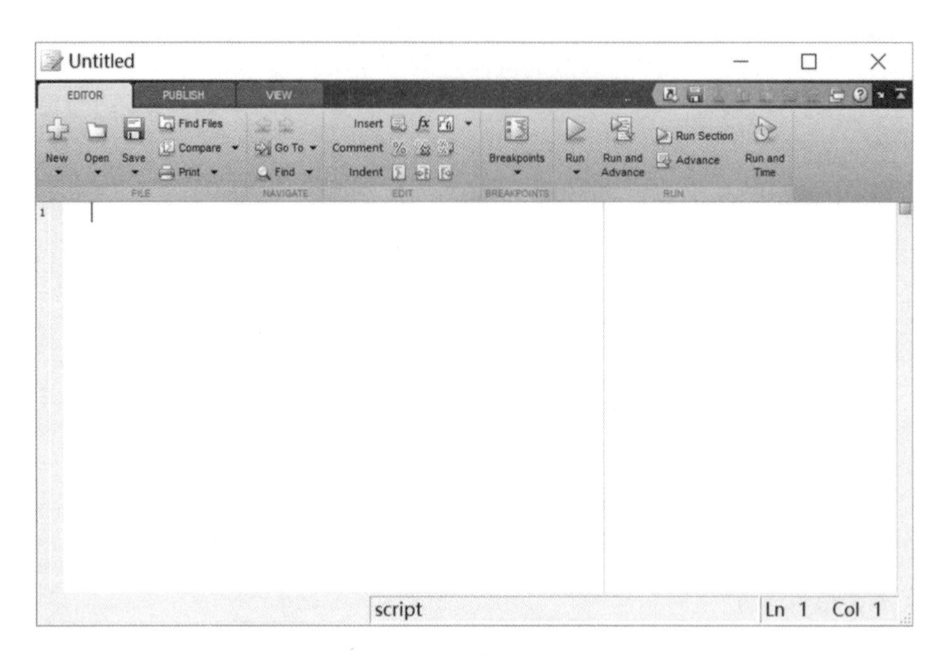

图 5-2　M 文件编辑器

- 在指令窗口中输入 edit 指令，同样可以启动 M 文件编辑器。
- 按快捷键 Ctrl+N，也可以启动 M 文件编辑器。

用户可以根据自己的使用习惯，选择一种快捷的启动方式。

2) 用 M 文件编辑器编写简单的程序

使用 M 文件编辑器编写程序，绘制正弦函数 $y=\sin(x)$ 在(0,2)的曲线。具体步骤如下。

(1) 按快捷键 Ctrl+N，启动 M 文件编辑器。

(2) 输入如下程序：

```
t=0:0.01:2*pi; y=sin(t);
plot(t,y,'-r');
% 绘图函数:以红色实线绘制 t-y 曲线 grid;
```

(3) 保存 M 文件。选择保存 M 文件的路径，并取名为 $\sin(x)$，保存之后的文件名会在后面自动添加后缀.m，即文件名为 $\sin(x)$.m。

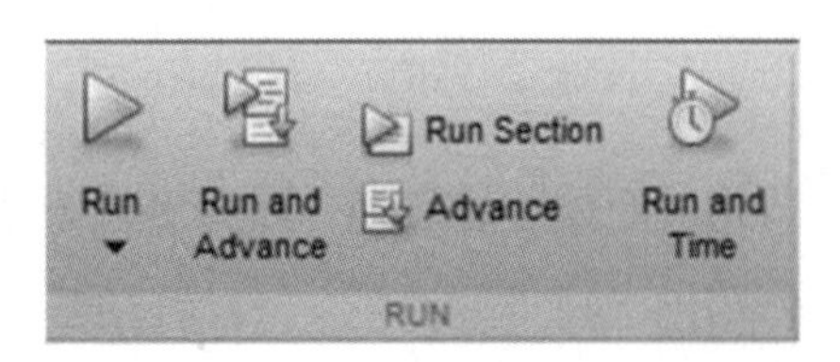

图 5-3　"Run"按钮

(4) 运行 M 文件的程序。运行 M 文件的程序有两种方式。第一种是直接在 M 文件编辑器中将文本添加到搜索路径里，然后单击"Run"按钮，如图 5-3 所示。另一种方法是选中运行的程序段，然后右击，选择"Evaluate Selection"，即可运行所选中的程序；或者直接按快捷键 F9，也可以运行 M 文件。正弦函数 $y=\sin(x)$ 程序的运行结果如图 5-4 所示。

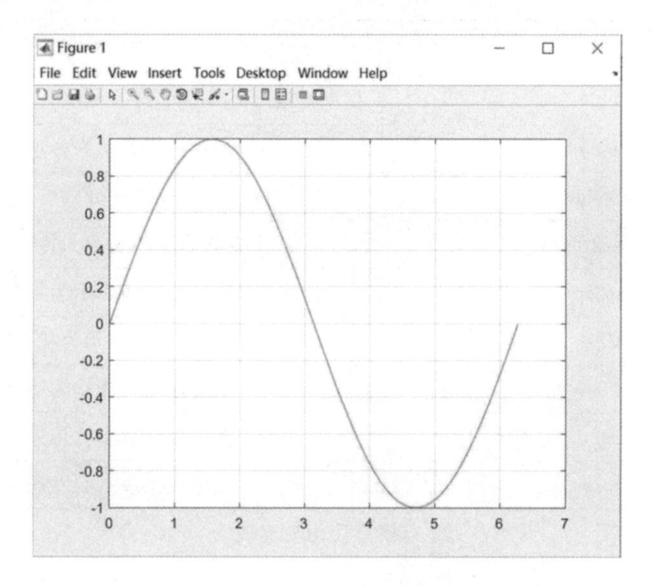

图 5-4　正弦函数 $y=\sin(x)$程序的运行结果

5.4　MATLAB 工具箱函数及其功能描述

控制系统工具箱函数及其功能描述如表 5-3 所示。

表 5-3　控制系统工具箱函数及其功能描述

函数名称	功能描述
1. 建立模型	
cloop	闭环系统
connect	由框图构造状态空间模型
conv	卷积
feedback	构造反馈系统
ord2	生成二阶系统的 A、B、C、D
pade	pade 的时延近似
parallel	构造并行连接系统
series	构造串行连接系统

续表

函数名称	功能描述
2. 模型变换	
poly	变根值表示为多项式表示
residue	部分分式展开
ss2tf	变状态空间表示为传递函数表示
ss2zp	变状态空间表示为零极点表示
tf2ss	变传递函数表示为状态空间表示
tf2zp	变传递函数表示为零极点表示
zp2tf	变零极点表示为传递函数表示
zp2ss	变零极点表示为状态空间表示
3. 模型简化与实现	
mineral	最小实现和零极点相消
4. 模型特性	
damp	连续阻尼系数和固有频率
dcgain	连续稳态增益
eig	特征值和特征向量
roots	多项式的根
tzero	LTI 系统的传递零点
tzero2	传递零点
5. 时域响应	
impulse	冲击响应
initial	零输入连续响应
lsim	任意输入的连续仿真
step	阶跃响应
stepfun	阶跃函数
6. 频域响应	
bode	伯德图
fbode	连续系统伯德图
margin	增益和相位裕度
nichols	尼科尔斯图
ngrid	画尼科尔斯图的网格线
nyquist	奈氏图
sigma	奇异值频域图

续表

函 数 名 称	功 能 描 述
7. 增益选择与根轨迹	
pzmap	零极点图
rlocfind	确定给定根的轨迹
rlocus	绘制根轨迹
sgrid	生成根轨迹的 s 平面网络
8. 方程求解及实用工具	
ctrldemo	控制工具箱介绍
poly2str	变多项式为字符串

非线性控制设计工具箱函数及其功能描述如表 5-4 所示。

表 5-4 非线性控制设计工具箱函数及其功能描述

演示与帮助函数	
函数名	功能描述
hotkey	热键帮助
ncddemo1	PID 控制器演示示例
ncddemo2	带前馈控制器的 LQR 演示示例
ncdtut1	控制设计示例
ncdtut2	系统辨识示例
stepdlg	阶跃响应帮助对话框

信号处理工具箱函数及其功能描述如表 5-5 所示。

表 5-5 信号处理工具箱函数及其功能描述

系统变换函数	
函数名	功能描述
residuez	z 变换部分分式展开或留数计算
tf2ss	变系统传递函数形式为状态空间形式
tf2zp	变系统传递函数形式为零极点形式
zp2ss	变系统零极点形式为状态空间形式
zp2tf	变系统零极点形式为传递函数形式

5.5 Simulink 仿真集成环境简介

Simulink 是可视化动态系统仿真环境。1990 年由 MathWorks 公司引入 MATLAB 中，它是 Simutation 和 Link 的结合。在实际工程设计中，控制系统的结构往往很复杂，如果不借助专用的系统建模软件，则很难准确地把一个控制系统的复杂模型输入计算机并对其进行进一步的分析与仿真。1990 年，MathWorks 公司为 MATLAB 开发了新的控制系统模型图，即输入与仿真的工具 Simulink，使得仿真软件进入了模型化图形组态阶段。其主要功能是基于 Windows 利用鼠标在模型窗口通过多个独立小模块的组态来绘制所需要的控制系统模型，以实现动态系统建模、仿真与分析。按照仿真最佳效果来调试及整定控制系统的参数，可缩短控制系统设计的开发周期，降低开发成本，提高设计质量和效率。Simulink 的优越性具体表现在以下几点。

- Simulink 建模可直接绘制控制系统的动态模型结构。与控制系统的框图表现形式一样，便于快速分析控制系统的各项指标。与传统的系统微分方程或差分方程数学模型相比，既方便又直观。
- Simulink 仿真工具模块化使构成控制系统更简捷、方便，只需将仿真工具模块按照一定的规则重新组合，就能构成各种不同的控制系统模型。Simulink 工具箱中的模块多、功能全，而且可以根据用户需要重新构造子模块，封装后嵌入在 Simulink 工具箱中，便于以后重复使用。
- 鼠标拖动连线功能代替了传统微分方程（或差分方程）中的基本数学运算，并且参数修改更加方便，只需双击模块设置参数即可，而后整个系统模型随之更新。
- Simulink 丰富的菜单功能使用户能够更加高效地对系统进行仿真，以及分析其动态特性。多种分析工具、各种仿真算法、系统线性化、寻找平衡点等都非常先进且实用。
- Simulink 中的示波器模块 Scope 类似于电子示波器，可显示仿真实时曲线，使仿真结果更直观，特别适用于自动控制系统的仿真与分析研究。

1. Simulink 的启动

Simulink 的启动方法有好几种，下面简单介绍两种方法。

- 在工作空间中输入 Simulink 指令后，按回车键，即可以启动 Simulink 模块。
- 单击工作空间中的图标 Simulink Library，即可启动 Simulink。

以上两种方法均可快速启动 Simulink 模块。启动后的 Simulink 模块库浏览器如图 5-5 所示。

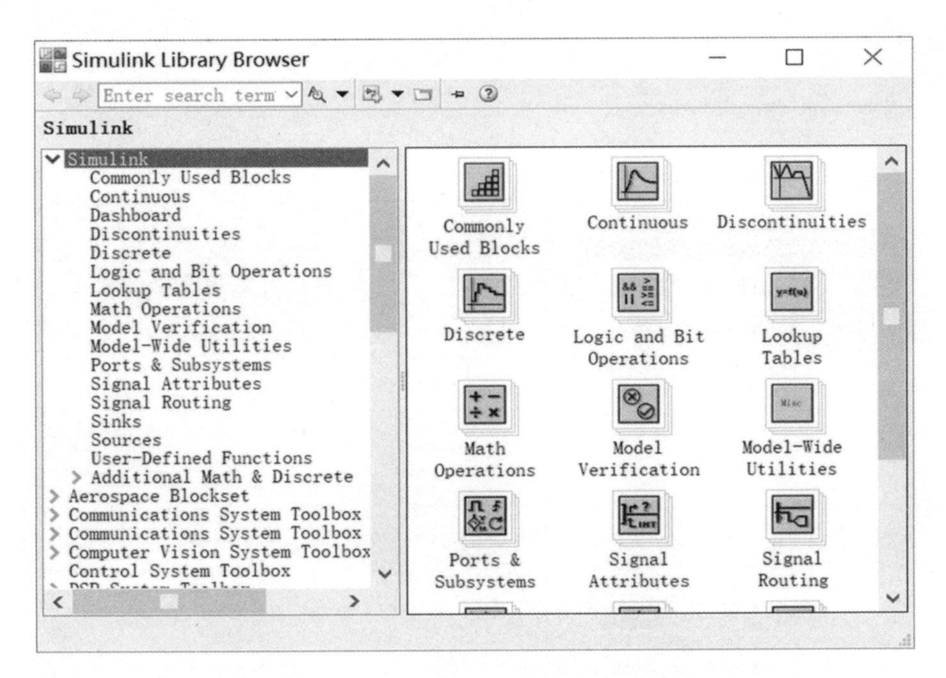

图 5-5　启动后的 Simulink 模块库浏览器

2. Simulink 常用模块库

Simulink 提供了通用模块和专业模块，数量庞大，以方便用户绘制合适的系统框图。下面主要介绍控制系统仿真常用的几个模块库。

1）连续（Continuous）模块库

常用的连续（Continuous）模块库如图 5-6 所示。其中，Derivative 为微分器模块；Integrator 为积分器模块；Transfer Fcn 为传递函数模块；State-Space 为状态空间方程模块；Zero-Pole 为零极点模型模块；Transport Delay 为时滞模块；Variable Transport Delay 为带滞后时间变量输入的时滞模块，等等。

2）非连续（Discontinuities）模块库

Discontinuities 模块库包含 12 个基本模块，如图 5-7 所示。

Dead Zone 为死区特性模块；Saturation 为饱和特性模块；Backlash 为磁滞回环特性模块；Relay 为继电器特性模块；Coulomb & Viscous Friction 为干摩擦与黏滞阻尼模块；Quantizer 为量化特性模块，等等。

3）离散（Discrete）模块库

离散（Discrete）模块库如图 5-8 所示，它共包含 21 个基本模块。

Zero-Order Hold 为零阶保持器模块；First-Order Hold 为一阶保持器模块；Discrete Transfer Fcn 为离散传递函数模块；Discrete Zero-Pole 为离散零极点模型模块；Unit De-

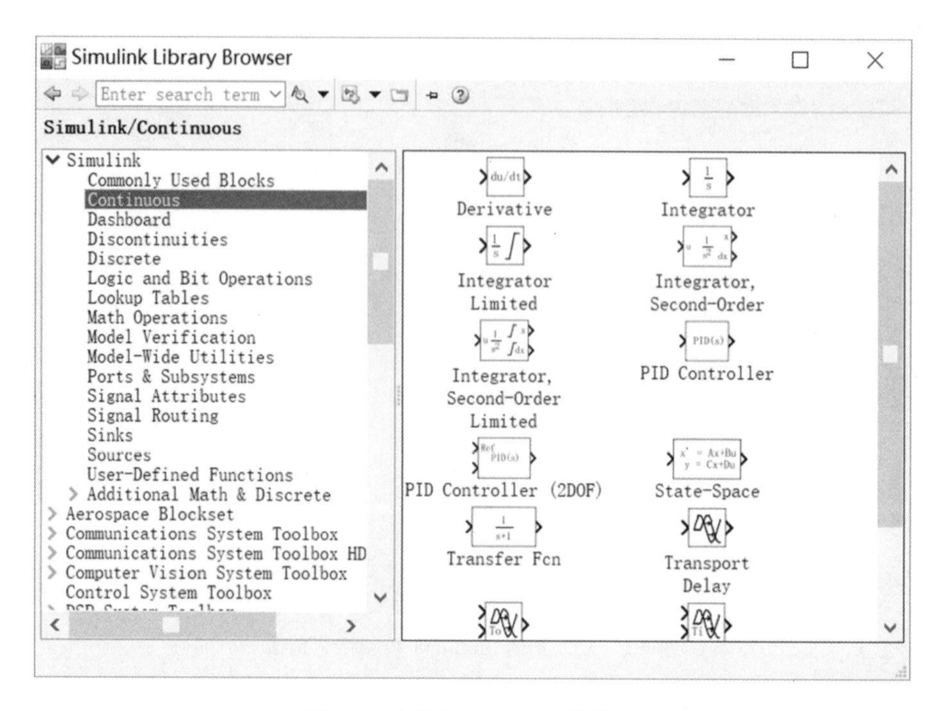

图 5-6　连续(Continuous)模块库

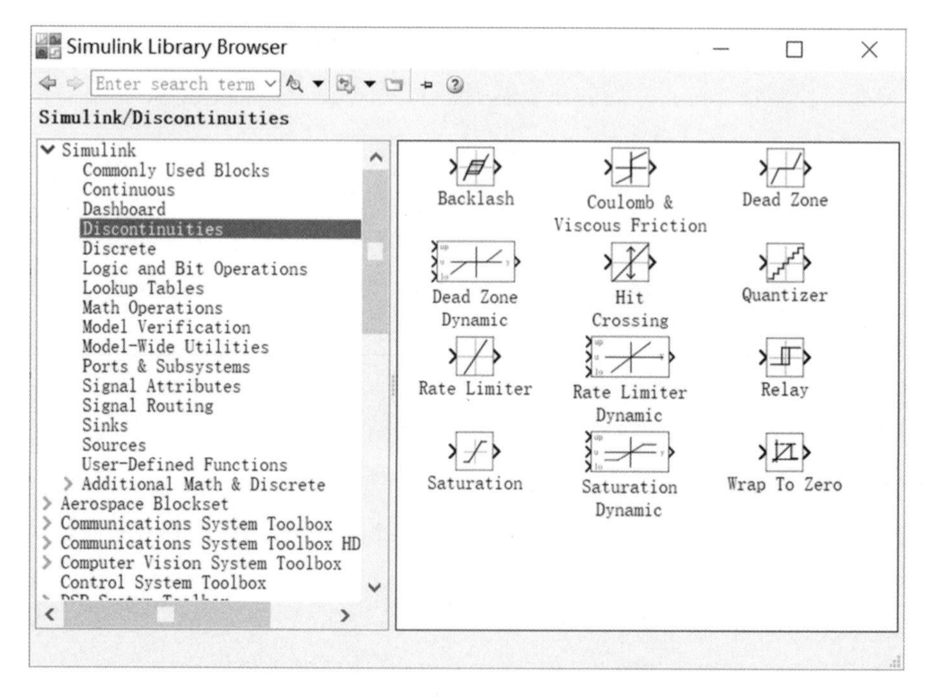

图 5-7　非连续(Discontinuities)模块库

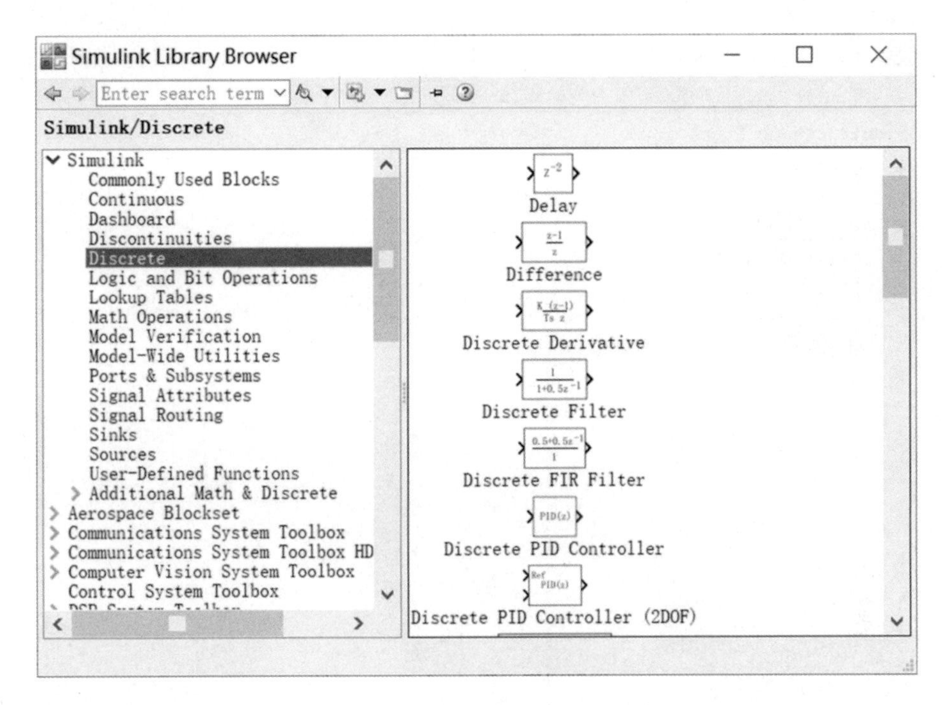

图 5-8　离散(Discrete)模块库

lay 为单位延迟模块;Discrete Filter 为离散滤波器模块,等等。

4) 数学运算(Math Operations)模块库

数学运算(Math Operations)模块库在 Simulink 建模中是经常使用的一个模块库。该模块库中共包含 37 个基本模块,如图 5-9 所示。

Abs 为绝对值或求模模块(复数域);Add 为信号求和模块;Gain 为增益模块;Product 为乘积模块;Mux 为混路器模块,可以把多路信号混合成为一根信号线;Demux 为分路器模块,可以把一根信号线中的多路信号分解出来。

5) 输出(Sinks)模块库

输出(Sinks)模块库是系统建模中都会存在的一个模块库,如图 5-10 所示。在系统中加入输出模块库,用户可以简便地得到系统的输出。输出模块库中共包含 9 个基本模块。

Out1 为输出端子模块,输出将在工作空间中产生变量,变量名称可以进行设置(默认值:输出时间 tout,输出值 yout);Scope 为示波器模块;XY Graph 为 X-Y 示波器模块;To Workspace 模块表示把结果以某种格式输出至工作空间中;To File 模块表示把结果数据保存为磁盘文件(数据文件扩展名为.mat)。

6) 输入源(Sources)模块库

输入源(Sources)模块库也是 Simulink 动态系统建模必不可少的部分,系统有输出,就必须有输入。输入源(Sources)模块库如图 5-11 所示。

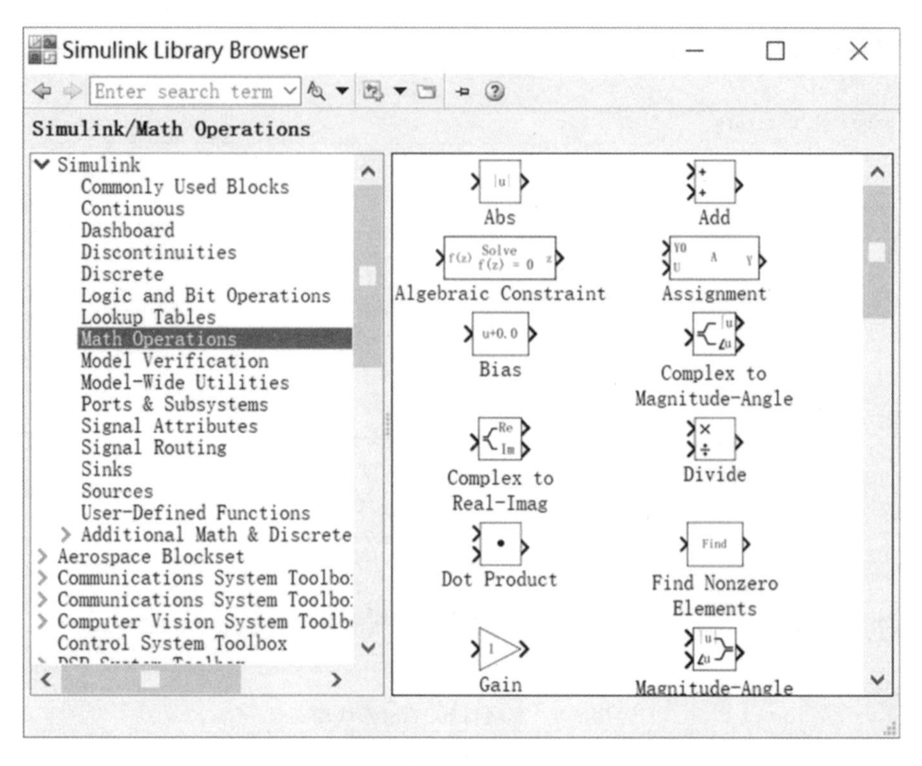

图 5-9　数学运算(Math Operations)模块库

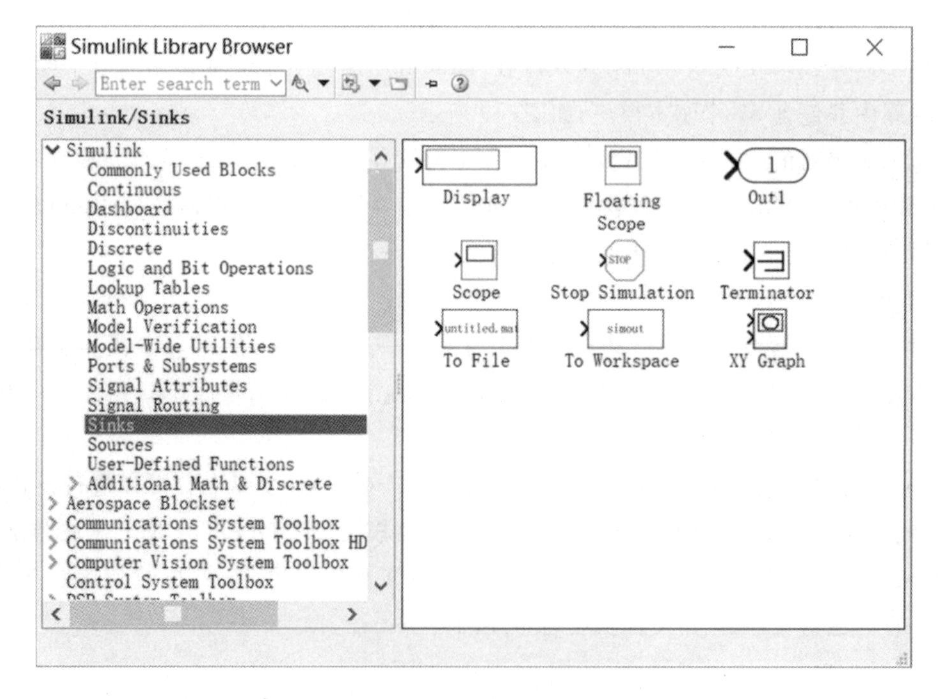

图 5-10　输出(Sinks)模块库

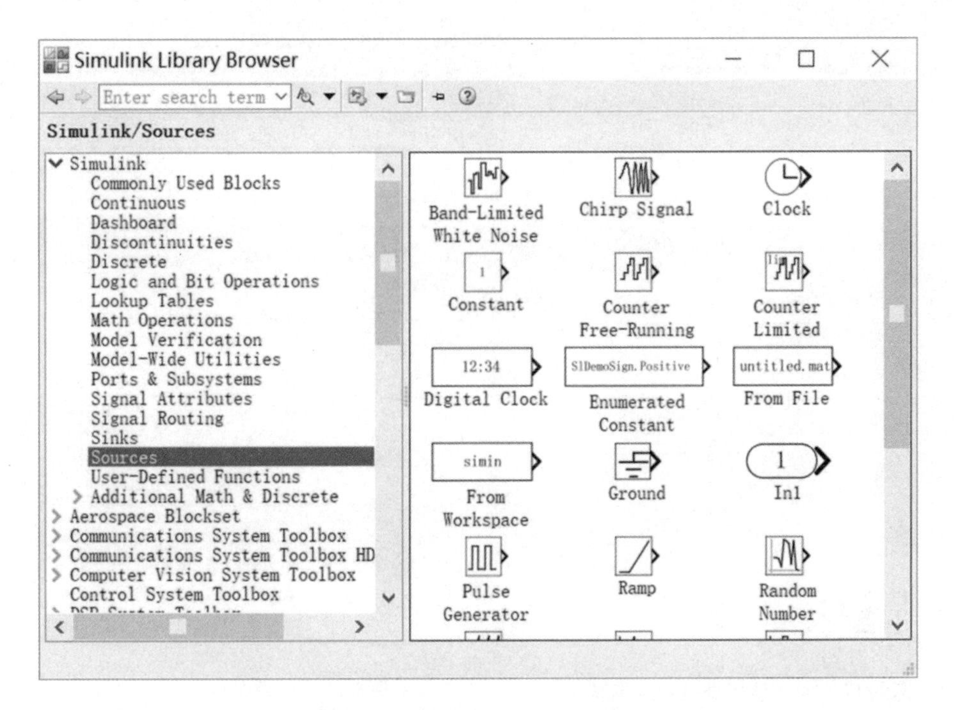

图 5-11　输入源(Sources)模块库

常用的输入源模块有:Step 为阶跃信号模块;Ramp 为斜波信号模块;Sine Wave 为谐波信号模块;Signal Generator 为信号发生器模块;Constant 为常量模块;Clock 为时钟模块,对应仿真时刻 t,可产生 r=f(t)信号;From Workspace 模块表示信号源为工作空间中的变量;From File 模块表示信号源为磁盘文件中的数据(数据文件扩展名为.mat)。

3. Simulink 功能模块的处理

1) Simulink 模块参数设置

首先,打开 MATLAB 并运行 Simulink,按快捷键 Ctrl+N 新建一个模型文件。假设要设置正弦函数 $y=2\sin(2\pi t+60°)$,则在 Simulink 的 Math Operations 模型库中找到 Sine Wave Function 模块,并将该模块拖入模块窗口中,双击该模块,就可以得到如图 5-12 所示的对话框。

由于 Sine Wave Function 模块的 Sine 函数是作为输入源,不需要外部激励,因此将"Function Block Parameters: Sine Wave Function"对话框中的 Time(t)选项设置为"Use simulation time"。该正弦函数的幅值为 2,周期为 1,相角为 60,设置后的对话框如图 5-13 所示。

2) Simulink 模块间连线处理

首先打开 Sinks 模型库,找到 Scope 模块,通过鼠标将模块拖入模型窗口中,加入示波器后的模块如图 5-14 所示。

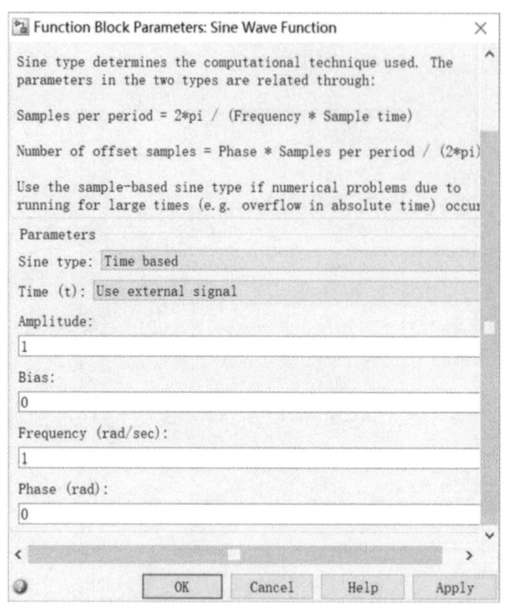

图 5-12　Sine 函数参数设置对话框

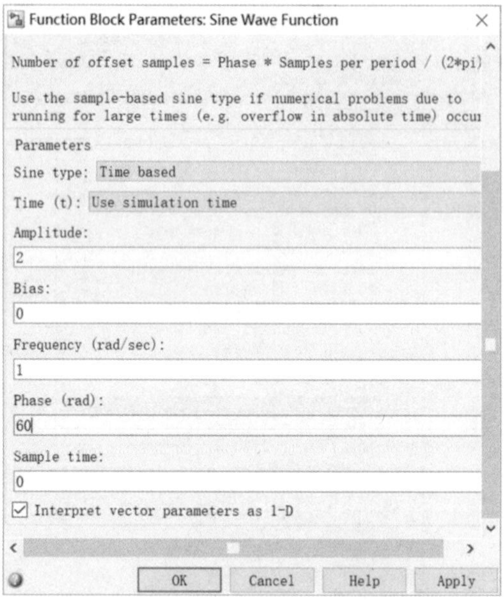

图 5-13　已设置好的 Sine 函数参数

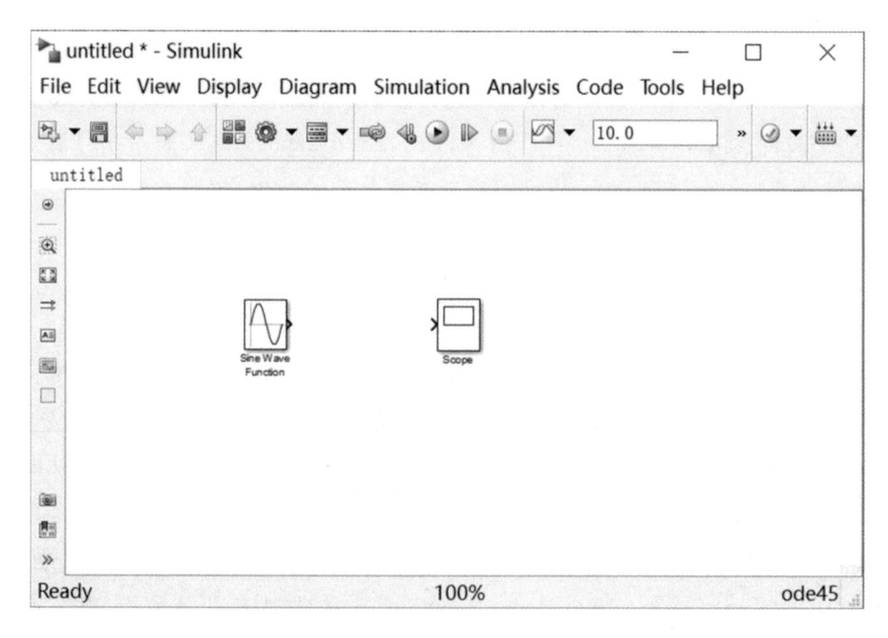

图 5-14　加入示波器后的模块

图 5-14 所示的系统还不是一个完整的系统，该系统要能完成指定的动作，各个模块之间必须有连线。连线方法很简单，将鼠标放在正弦函数模块的黑色箭头上，指针会变成一个十字形，然后鼠标单击并拖动到 Scope 模块左边的箭头上，即可完成两个模块的

连线处理，如图 5-15 所示。

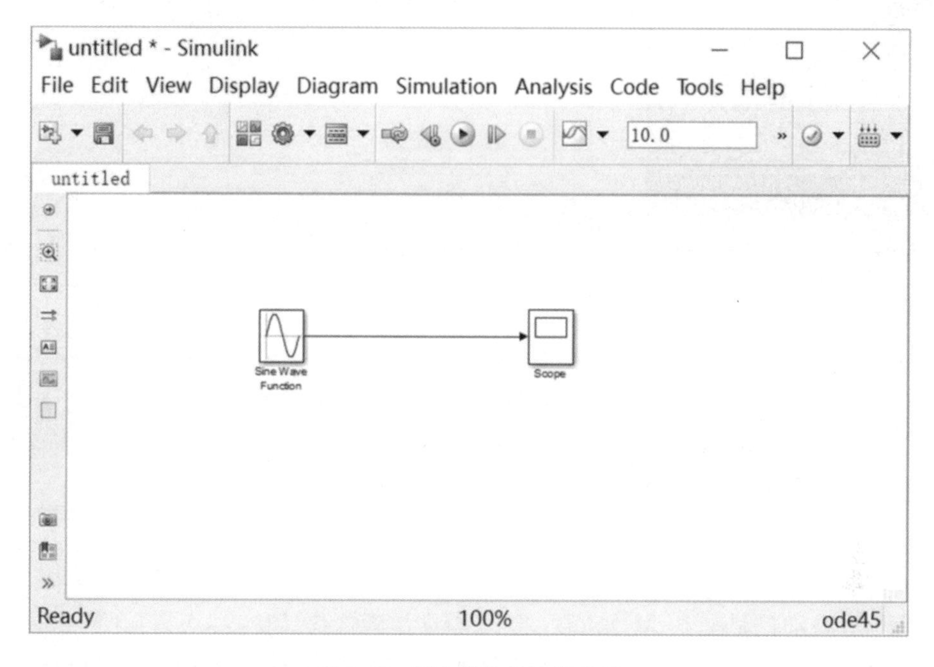

图 5-15　两个模块的连线处理

系统模型建立之后，单击 图标运行该模型，然后双击示波器，就可以看到之前设置的正弦函数的波形图，如图 5-16 所示。

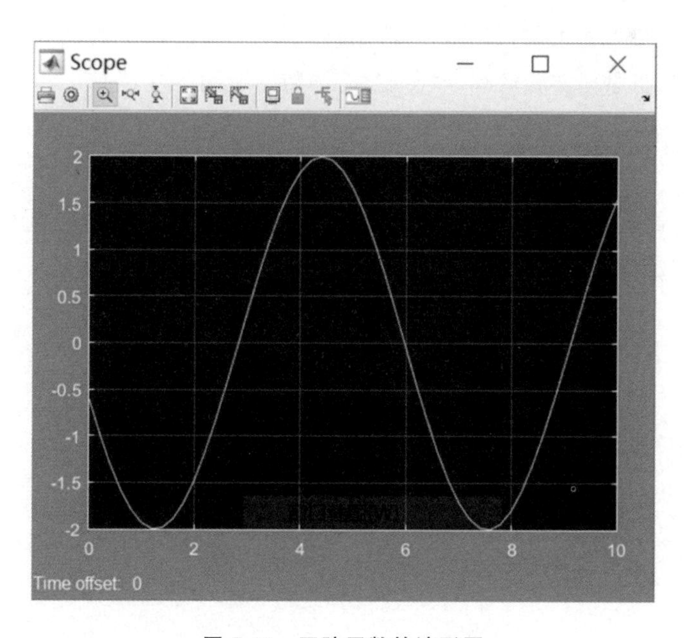

图 5-16　正弦函数的波形图

REFERENCES

参考文献

[1] 胡寿松. 自动控制原理[M]. 7 版. 北京:科学出版社,2019.

[2] 胡寿松. 自动控制原理习题解析[M] . 3 版. 北京:科学出版社,2018.

[3] 戴亚平. 自动控制理论与应用实验指导[M]. 北京:机械工业出版社,2017.

[4] 熊晓君. 自动控制原理实验教程(硬件模拟与 MATLAB 仿真)[M]. 北京:机械工业出版社,2017.

[5] 林华. 自动控制原理实验教程[M]. 西安:西安电子科技大学出版社,2020.

[6] 郑勇. 自动控制原理实验教程[M]. 北京:国防工业出版社,2010.

[7] 飞思科技研发中心. MATLAB 辅助控制系统设计与仿真[M]. 北京:电子工业出版社,2005.

[8] 浙江天煌科技实业有限公司. THBDC-1 型 控制理论 · 计算机控制技术实验平台使用说明与实验指导.